电网新技术与电力系统的效能及安全

主　编　姜　冬
副主编　徐春伟

中国水利水电出版社
www.waterpub.com.cn
·北京·

内 容 提 要

本书以“电网新技术与电力系统的效能及安全”为主线，围绕电网电企的一系列生产科研活动展开了论述。主要内容包括：绪论；电网新技术的发展及应用；电网新技术与电力系统效能；电网新技术与电力系统安全；电网突发事件管理。

本书适合电力企业及电力管理部门的工作人员参考，也适合相关专业的高校师生参考。

图书在版编目（CIP）数据

电网新技术与电力系统的效能及安全 / 姜冬主编
. -- 北京 : 中国水利水电出版社, 2018.8
ISBN 978-7-5170-6795-5

Ⅰ. ①电… Ⅱ. ①姜… Ⅲ. ①电网—电力系统运行
Ⅳ. ①TM727

中国版本图书馆CIP数据核字(2018)第205285号

书　名	**电网新技术与电力系统的效能及安全** DIANWANG XIN JISHU YU DIANLI XITONG DE XIAONENG JI ANQUAN
作　者	主　编　姜冬 副主编　徐春伟
出版发行	中国水利水电出版社 （北京市海淀区玉渊潭南路1号D座　100038） 网址：www. waterpub. com. cn E-mail：sales@waterpub. com. cn 电话：（010）68367658（营销中心）
经　售	北京科水图书销售中心（零售） 电话：（010）88383994、63202643、68545874 全国各地新华书店和相关出版物销售网点
排　版	中国水利水电出版社微机排版中心
印　刷	北京合众伟业印刷有限公司
规　格	184mm×260mm　16开本　8.75印张　207千字
版　次	2018年8月第1版　2018年8月第1次印刷
印　数	0001—1000册
定　价	**48.00**元

前 言

在经济全球化日趋成熟、常规能源日趋枯竭、环境污染压力日趋加重、能源战略地位日趋突出、新能源应用日趋广泛等多重因素的作用下，电网新技术的发展、智能电网的研究应用、电网能效的精细化管控、电网的安全等方面是世界各国尤其是我国政府及电力企业必须重视的战略任务。特别是我国作为一个发展中国家，经济发展任务迫切，人民生产生活对新能源需求巨大，各地区经济发展不平衡，能源蕴藏与能源需求分布严重错位，在诸多因素叠加作用下，我国发展大电网、电网新技术支撑下的智能大电网尤显重要。所以，研究应用电网新技术，发展建设大电网，建设智能电网，提高电网能效，全力保障电网、电企、电力运营通信网络的安全是电力科技、电力管理领域，甚至是政府部门、国家层面的重大任务。

本书以“电网新技术与电力系统的效能及安全”为主线，围绕电网电企的一系列生产科研活动展开了论述。第一章是绪论；第二章是电网新技术的发展及应用；第三章是电网新技术与电力系统效能；第四章是电网新技术与电力系统安全；第五章是电网突发事件管理。

本书适合电力企业及电力管理部门的工作人员使用。书中参阅或借鉴了国内外电网、电力、管理学等方面专家学者的论著和观点，并做了特别标注，在此表示感谢。

由于时间仓促，加之作者水平有限，书中如有不妥之处，请予以批评指正。

作者

2018年8月

目录

第一章　绪　　论

第一节　世界电力技术的发展

当前世界能源消费以化石能源为主，化石能源日趋枯竭、气候环境恶化成为威胁人类可持续发展的两大关键问题。为了转变旧的能源生产与消费模式，转变以化石能源为主的能源格局，世界各国都在努力探索新的能源生产和消费模式，寻求多元化的能源供应策略，一场以推动可再生能源和新能源发展为核心的新能源革命已风起云涌。在此背景下，为了实现更大范围内能源资源的优化配置，满足大规模新能源的接入、传输和消纳，作为电力传输载体的电网模式将发生哪些变化，未来电网有哪些新的输电方式和控制方式，哪些新技术可以满足未来电网安全、高效和智能运行的要求并为之提供支撑，这些问题是当前能源和电力领域专家学者和企业家最为关注的问题。

世界范围内多个国家和机构已开始电网和电力技术发展路线和战略的研究和制定。总体而言，低碳化是未来能源发展的基本路线，而电网除了安全、经济等固有的特征外，新出现低碳、智能等技术特征。美国和欧洲近年在能源和电力战略研究方面有一系列重大突破。

美国近几年在能源战略上发生了重大转变，除了更加重视节能改造、利用高新技术提高能效外，也更加重视风能、太阳能等可再生能源和核能的开发利用。针对电网设备老化、输电瓶颈的出现、解除管制和市场化改革、与电网投资及运营相关的立法问题等，美国前总统布什提出了“电网现代化”的庞大研究计划，在“Grid 2030”中提出了对美国未来电网的设想，即在现有输电网络基础上，采用超导 HVDC、新型 HVDC、合成导线 HVAC 等新技术，建设国家主干网，将美国东西海岸、加拿大及墨西哥联系起来，实现资源优化配置，扩大电力供应范围。随后还提出了相应的“国家电力传输技术发展路线图”，详细列出了实现 2030 年美国电网愿景的近期、中期和远期研发及示范活动的详细目标及时间计划。美国前总统奥巴马上任伊始，提出以智能电网、新能源和节能增效为核心的能源战略，作为全面推进美国经济复苏计划的核心支撑，将智能电网提升为美国国家战略。

欧洲对化石能源的依赖度较高，一次能源的 80％来自化石能源。为了保证能源安全，应对气候变化，已有众多学者和科研机构以及政府机构提出建设欧洲“超级电网”的建议，进一步整合各国电网，形成真正的以市场为基础的泛欧洲电网，在未来 10 年内建立一套横贯欧洲大陆的高压直流电网，以实现 2020 年可再生能源发电量占 20％的目标。早在 2003 年即有学者提出泛地中海新能源合作的想法，计划采用高压直流输电线路将欧洲的海上风电、北非及近东的风电、太阳能发电与欧洲电网相连。2008 年，欧盟提出“北海各国海上风电计划”，该计划旨在创建可连接跨越欧洲北部海域的风电和其他可再生能源的综合海上能源网络。2010年欧洲气候基金会制定了2050年的技术路线图，对一系列可能的技术路线进行了技术和经济评估。可以看出，欧洲“超级电网”计划不仅仅是对未来电网的设想，该计划正在实际中不断地向前迈进。

第二节　我国电力技术的发展

我国是迅速崛起的能源消费大国，按照目前的能源消费模式和能源供应能力，难以支撑经济社会可持续发展。有关机构的研究报告认为，现在到21世纪中叶将是我国实现现代化的关键时期，也是我国能源发展的重要过渡期和转型期。我国要从比较低效、粗放、污染的能源体系，逐步转变为洁净、高效、节约、多元、安全的现代化能源体系。

在新能源革命条件下，电网的重要性日益突出。电网将成为大规模新能源电力的输送和分配网络；与分布式电源、储能装置、能源综合高效利用系统有机融合，成为灵活、高效的智能能源网络；具有极高的供电可靠性，基本排除大面积停电风险；与信息通信系统广泛结合，建成能源、电力、信息综合服务体系。

按不同发展阶段的主要技术经济特征，电网可分为三代。第一代电网是第二次世界大战前以小机组、低电压、孤立电网为特征的电网兴起阶段。第二代电网是第二次世界大战后以大机组、超高压、互联大电网为特征的电网规模化阶段，当前正处在这一阶段。第二代电网严重依赖化石能源，大电网的安全风险难以消除，是不可持续的电网发展模式。未来电网是第三代电网，是第一、第二代电网在新能源革命条件下的传承和发展，支持大规模新能源电力，大幅降低大电网的安全风险，并广泛融合信息通信技术，是电网的可持续化、智能化发展阶段。

智能电网是近年兴起的新概念，已被很多国家视为推动经济发展和产业革命、应对气候变化、建立可持续发展社会的新基础和新动力。一般认为智能电网是集成了现代电力工程技术、分布式发电和储能技术、高级传感和监测控制技术、信息处理与通信技术的新型输配电系统。智能电网是未来电网的一个重要特征，强调了智能化的趋势，并在一定程度上结合了新能源革命的特征。电力需求、电源结构、电力流及电网格局是影响我国电网发展的四个关键问题。经济发展决定电力需求，电力需求、发电资源分布和环境约束影响电源结构和布局，电源与负荷的格局决定电力流及电网格局，电力流及电网格局和技术发展进步影响电网发展模式。

未来几十年是我国迈向现代化的关键时期，经济发展将从目前的高速增长逐渐进入平稳较快增长，经济发展方式从粗放型向集约型转变，经济结构实现战略性调整，区域经济协调发展，形成资源节约型、环境友好型社会。2031—2050年我国人均GDP将迈入中等发达国家水平。根据人均GDP发展目标判断，届时我国人均年用电量可达到当前日本、德国等发达国家水平，约人均8000kW·h。若未来按15亿人口测算，则我国电力消费需求总量将达到12万亿kW·h，是2013年5.322万亿kW·h的2.25倍。

我国目前粗放的能源体系将经历一场革命性的转变，实现这一转变的关键在于贯彻能源消费总量控制的能源发展战略，实现“科学供给满足合理需求”的能源电力发展模式，为此设定水电、风电、太阳能、核电、气电等清洁能源电力的发电量占总发电量的比例为

50%～70%，余下部分是煤电，约占30%～50%。以煤电和清洁能源发电的发电量比例为指标，按能源发展与第三代电网的战略目标划分为初步达到（50：50）、基本实现（40：60）、充分完成（30：70）3种情景。就2030—2050年期间人均年消费电8000kW·h的中长期目标对中国装机容量和电源结构进行预测，水电、核电发展目标相对明确：水电开发率达到90%，装机容量4.5亿kW，发电量1.57万亿kW·h；核电按乐观预测，装机容量3亿kW，发电量2.1万亿kW·h。测算结果显示，3种情景下全国总发电装机容量分别达29.42亿kW、33.68亿kW、37.95亿kW，煤电装机容量分别为12.0亿kW、9.6亿kW、7.2亿kW，非水可再生能源（风能、光伏发电等）发电量比重分别为11.86%、21.88%、31.88%。

未来40年中，电力负荷将呈现从高速增长向相对缓慢增长过渡、负荷中心"西移北扩"两大特点，但总体上负荷中心仍主要分布在中东部地区。随着工业化进程及城市化进程的推进，未来我国第二产业的用电比重将不断下降，第三产业和居民用电的比重将不断上升。在珠三角、长三角、环渤海等传统负荷中心以外，将在华中、西北、东北、西南等地形成新的负荷中心。预计2050年中东部主要负荷中心用电量比例仍将占全国75%左右。

远期来看，煤电主要分布在煤炭资源丰富的西部、北部，以及中东部负荷中心，按西部和中东部各占50%考虑；水电，包括大型水电基地和小水电取决于资源分布，中东部占20%，西部占80%，其中西南地区占60%；风电、太阳能等非水可再生能源发电，中东部约占50%，包括沿海风电和分布式开发，西部、北部占50%，主要是大基地的集中式开发；核电、气电则主要分布在中东部负荷中心。以此推算，2050年电源分布为中东部装机容量略大于西部、北部之和，大致比例是53：47。

设定中东部地区的电源发电量就地消纳，西部、北部电力电量外送比例按40%～50%考虑。根据全国电力电量平衡，在上述煤电和清洁能源发电量比例3种情景下进行推算，西部、北部外送40%时，外送的电力流总容量为4.41亿kW，3种情景下外送容量占总装机容量的14.98%、13.09%、11.62%，中东部地区接受外来电容量比例为21.76%、19.68%、17.97%；3种情景下外送总电量相同，均为1.989万亿kW·h，占全部电量的16.57%，占中东部电量的22.06%。西部、北部外送50%时，外送的电力流总容量为5.51亿kW，3种情景下外送容量占总装机容量的18.73%、16.36%、14.52%，中东部地区接受外来电容量比例为25.79%、23.45%、21.50%；3种情景下外送总电量相同，均为2.486万亿kW·h，占全部电量的20.72%，占中东部电量的26.13%。由以上测算结果可得出，中国中长期2031—2050年期间按人均年消费8000kW计，西部、北部远距离向中东部输送的电力容量为4.41亿～5.51亿kW，输送的电量为1.989万亿～2.485万亿kW·h。

总结起来，未来"西电东送""北电南送"的电力流格局没有改变，只是由目前以水电和煤电为主的大容量远距离外送，逐步转变为水电、煤电、大规模风电和荒漠太阳能电力并重外送。因此，电网的功能由纯输送电能转变为输送电能与实现各种电源相互补偿调节相结合。我国未来电网的发展，既要适应水能、风能、太阳能发电等大规模可再生能源电力以及清洁煤电、核电等集中发电基地的电力输送、优化和间歇性功率相互补偿的需要，也要适应对分布式能源电力开放、促进微网发展、提高终端能源利用效率的需求。从电力流的预测结果来看，我国将始终存在大容量、远距离输送电力的基本需求。2031—2050年的中长期内，虽然经济和技术发展的不确定性因素较多，但可以肯定的基本趋势将是我国西部水电、西部北部超大规模荒漠太阳能电站、北部西北部大规模风电等将有很大发展，未来电网的发展必须适应这种情况。

对我国未来能源布局和负荷分布的预测，兼顾中间落点负荷需求的大容量远距离输电模式将是我国未来电力输送的主要格局。从现在起到2050年将是我国电网由第二代向第三代转型的过渡期。与电源的转型相配合，电网发展的总体趋势将是朝向国家主干输电网与地方输配电网、微网相结合的发展模式。受经济、能源、技术等因素发展的巨大惯性影响，电网模式具体技术方案的转变将是漫长的。

以20年为周期进行考虑，分为近中期（2011—2030年）、中长期（2031—2050年）两个阶段进行分析。从现在起至2030年的近中期阶段，我国电网将延续第二代电网的基本形态，其主干输电网在形态上应是超大规模、超/特高压交直流混联的复杂电网。多端直流输电技术、FACTS及VSC-HVDC等电力电子技术的应用将得到较广泛应用，储能技术有可能取得较大进展，为后期电网的转型奠定技术基础。2030—2050年的中长期阶段，第三代电网的特征将逐渐显现和发展，技术发展的积累和突破对电网模式将有可能产生较大的影响，其中主干输电网主要有两种可能的模式，即超/特高压交直流输电网模式和多端高压直流输电网（超导或常规导体）模式，后者依赖于相关先进技术的重大突破。一方面间歇性、波动性电源的比重不断提高，在全国范围内建设灵活可控、低损耗、高可靠性的跨大区超级输电网络，将成为大范围资源优化配置和相互补偿所必需；另一方面基于高性能电力电子设备的多端高压直流输电技术（如MMC-VSC-MTDC）和直流输电网技术将趋于成熟，高温超导输电技术有可能取得突破，为建设基于常规导体线路和设备或基于高温超导体线路和设备的超级直流输电网提供了技术条件。

2031—2050年，中东部受端电网发展速度放缓，延续原有发展模式并局部强化；在基于VSC的多端直流输电技术已成熟条件下，西部送端将可能出现直流输电网，以连接西部和北部煤电基地、西南水电基地、西部风电与太阳能发电基地，取得不同发电特性电源互补的效益，并远距离输送到京津冀鲁、华中、华东、珠三角等负荷中心，全国有可能形成西部高直流输电网与中东部超/特高压交直流混联输电网相合构成的主干输电网格局。

第三节　电网新技术对电力的影响

科学技术是应对新能源革命，影响、建设和发展第三代电网的关键。新能源革命下，第三代电网除了提升电网本身性能的技术需求，还受到新能源电力发展、智能化两方面技术发展趋势的作用，另外一些先进的或前瞻性的电网技术也对电网发展具有巨大的潜在影响。

新能源电力发展，包括大型集中式和小型分布式的新能源电力接入，由于其随机性和波动性，新能源电力的性能相比传统能源电力相差极大，给整个电力系统的调度、运行和控制带来前所未有的复杂性。在信息通信技术的深度介入下，形成电力系统的“物联网”，为输电网优化电力输送的协调运行，为配电网支持分布式电源和储能的双向互动以及需求

侧管理和需求响应，为第三代电网的安全性、可靠性、经济性和灵活性，都提供了新的技术可能性。先进/前瞻性技术中，对未来电网发展模式影响最大的3项先进/前瞻性技术是多端直流输电技术、超导输电技术和储能技术。多端直流输电技术和超导输电技术对远期输电网模式具有重大影响，是超/特高压交直流混合输电网模式的未来替代技术方案。储能技术包括抽水蓄能、电池储能、电动汽车、空气储能、飞轮储能以及超导储能等，适合于不同的应用需求，成熟的储能技术对电网发展具有革命性意义。

以上3个技术发展因素对提升电网性能既提供了新的可能性，也提出了新的问题和挑战。为适应新的技术发展形势，在远距离大容量输电等一次系统技术以及交直流混合电网的规划、调度、运行、控制、仿真分析等方面的传统理论和技术，都需要有新的突破。

第三代电网的技术特征按可持续发展、智能化和电网性能提升3个方面加以概括。可持续发展是指电网对新能源与可再生能源的支持，这是新能源革命中最关键的技术。智能化包括信息化和灵活性，信息化包括传感、加工、处理3个层次，灵活性指电网对能量流动的波动性、双向性的支持，主要是能源和控制方面的技术。电网性能提升是指电网中传统技术性能的提升，包括电力一次系统性能、控制保护二次系统性能2个方面，前者又可按输电、配电、用电、储能等领域细分。集合国内众多电力专家的思想，提炼出影响未来电网发展的十项关键技术如下：

（1）大规模新能源与可再生能源电力友好接入技术（含分布式）。

（2）大容量输电技术。

（3）先进传感网络技术。

（4）电力通信与信息技术。

（5）大容量储能技术。

（6）新型电力电子器件及应用技术。

（7）电网先进调度、控制与保护技术。

（8）电力系统先进计算仿真技术。

（9）智能配电网和微网技术。

（10）智能用电技术。

为适应未来几十年新能源革命中电网技术发展的巨大变化，并在新一代电网形成的过程中掌握关键技术、形成科技优势，应及早制定战略性的科技发展规划，支持和促进基础性、前瞻性的电网技术及其相关支撑科技的研究和发展，迫切需要开展下列基础科学问题：

（1）物理学和材料科学，具体包括电磁学、等离子物理、超导材料、电力电子材料、化学储能材料、绝缘材料、纳米材料。

（2）数学与系统科学，具体包括建模和仿真理论、动态系统及其稳定性、预测理论、复杂系统、非线性系统、人工智能、可靠性、随机过程、决策理论。

（3）最优化理论与控制科学，具体包括运筹学、规划理论和算法、最优化理论算法、最优控制、模式识别与智能系统、控制与仿真。

（4）信息与计算科学，具体包括信息系统、网络理论、数值仿真与计算、系统辨识。

而电力前沿技术主要包括：

（1）新型输电技术，包括无线输电、地下管道输电、超导输电等。

（2）先进储能技术，包括化学储能、物理储能等。

（3）新型电力电子器件，包括碳化硅等材料器件。

（4）新型输变电设备，如直流断路器。

（5）先进传感技术和信息通信网络，如大数据、物联网。

（6）先进计算和仿真技术，包括并行计算和分布计算、云计算等。

第四节　电网的效能与安全

电网企业是高危行业，电网生产安全一直以来备受关注。伴随着生产力的发展、技术的进步，电网企业在生产过程中越来越重视安全问题，对于安全生产的要求也越来越高，与此对应的对于安全的投入也在持续加大。如何处理好安全成本和经济效益之间的关系，就成为电网企业迫切需要解决的问题。每当提到电网企业的安全生产，人们便很自然地会想到安全帽、安全带、绝缘手套、绝缘鞋、安规等一系列的安全防护工具或者安全管理制度，当然，这一切都没有错，只有在熟悉安全规则的前提下，准备好安全器具，严格执行安全管理制度才能保证设备不出故障，人员不出事故，企业不出问题。

当前中国正处于市场经济时代，没有效益，企业就不能生存和发展，对于供电企业来说，同样如此。然而电网企业又是一个特殊的高危行业，企业的安全至关重要，同样关系到企业的生存与发展甚至是社会的安定与进步。因此，正确认识处理安全生产与经济效益关系，把安全生产看成是潜在的效益，像抓经济效益一样抓安全生产工作，是做好企业安全工作的关键。

从全国供电企业的安全生产的状况分析，目前电网企业在生产成本科目中设置了一个科目“安全费”，根据《国家电网公司会计核算办法》的规定，安全费核算供电企业发生的安措费，包括：为完善、改造和维护安全防护设备、设施支出；配备必要的应急救援器材、设备和现场作业人员安全防护物品支出；安全生产检查与评价支出；重大危险源、重大事故隐患的评估、整改、监控支出；安全技能培训及进行应急救援演练支出等。由此可见，目前电网企业对于安全成本的核算比较粗放，并没有细化明细科目，核算范围也比较有限，因此导致安全工程、措施和方案没有进行技术经济分析和科学合理的论证，安全工作的技术先进性和合理性不能很好地统一，安全的投入比较盲目，资源浪费现象比较普遍，使其成为成本管理、提高经济效益的“真空地带”。

电网企业在保证安全生产的前提下，适当地进行安全成本投入，降低安全事故的发生，需要企业加强对安全成本的有效管理，依据安全成本支出的实际数据，进行科学的分析和合理的决策，从而提升电网企业的经济效益。

编者认为，电网企业可以依据自身实际情况，采取以下措施。第一，做好安全成本的会计核算。财务数据是企业的晴雨表，是企业的情报中心、数据处理中心，如果会计核算细化管理，能够给企业的决策者提供真实、可信、翔实的数据，能对于企业的安全生产起到至关重要的作用。第二，建立安全成本分析机制。基于安全成本翔实的财务数据，电网企业应该建立多部门联动，对安全成本数据进行整理和分析，各部门基于本专业的情况，

同时比对历史数据和同行业数据，总结出适合本企业的安全成本支出合理水平。第三，加强职工安全教育，提高职工安全意识。职工的安全意识薄弱是导致电网企业事故发生的重要因素之一。电网企业要从根本上解决电网安全生产隐患，提高经济效益，还得从“人”这个因素出发，多组织安全知识培训、安全知识竞赛、安全生产技能比武等，更好地激发员工的安全意识，更大限度地普及安全知识，提高员工的安全工作技能。第四，完善电网企业的安全生产规程，建立奖惩机制。企业的安全需要一整套流程和制度做保障，建立公平合理的奖惩机制，能够有效地保证前期的安全生产各项成本投入取得实效。建立并完善安全管理机构和人员配备，所有部门都必须参与到企业的安全生产过程中，从而使得电网企业资金安全，生产设备安全，人员安全。

安全生产是电网企业实现经济效益的前提保证，经济效益是安全生产的必要条件。只有搞好安全生产工作才能保证正常生产秩序，才有经济效益；有了经济效益，安全防范设施才有条件得以保障和改善。两者不可偏废，它们的关系就如同飞机的两翼：没有安全就没有效益；同样，没有效益也就没有安全。只有二者同时发挥作用，才能为企业的发展保驾护航，实现企业又好又快地发展。

第二章　电网新技术的发展及应用

第一节　智能电网新技术的发展态势

一、概述

随着科学技术的发展，电网的相关技术也推陈出新，因为发展的需要，世界各国都不约而同地把目光放在了智能电网上，加大对智能电网的研发力度。由于世界各国的国情、环境、经济驱动方式等很多方面都存在着很大的差异，各国研究的方向、思路、侧重点等都不同，各国对智能电网的定义也都不同。总体上，智能电网的新技术发展正处于初级阶段。

世界各国对智能电网的定义不同，新技术的发展情况也不同。美国对智能电网的定义是：一个完全自动化的电力传输网络，这个网络可以控制和监测每个电力用户和电网节点，可以实现在整个输配电过程中全部信息和电能的双向交流。而我国的智能电网是以物理电网为基础，将现代各种可以应用到电网的新型技术和物理电网高度集成，从而形成可观测、可控制、完全自动化和系统综合优化平衡的新型电网，可提高电力系统的清洁、可靠、安全、高效。

二、智能电网

智能电网又称为“电网2.0”，也就是应用现代科学技术实现电网的智能化。智能电网是通过使用先进的生产设备、传感和测量技术、控制方法、控制系统、决策系统、智能技术等一切可以结合的先进科学技术，对高速、集成的双向网络进行优化、更新，提高电网的安全性、经济性、高效性、节能性，实现安全使用、保护环境等目标。

智能电网的主要特征是满足用户对电能数量和质量的需求，保护用户的使用安全，抵御外来攻击；传递各个电网节点的信息，并对信息进行分析，挑选出其中的核心信息；合理利用各种不同发电形式的电力，保证接入安全；保证电力设备和资源的高效运行。

三、欧美智能电网的技术发展

（一）欧盟智能电网技术发展

2007年，欧盟内部正式提出建设超级智能电网的战略构想。2009年年初，欧盟明确提出，智能电网是在欧洲原有电网的基础上融入海上风力发电和太阳能发电。2010年，欧洲北海国家制定了建立可再生能源超级电网的巨大计划，这个工程计划将各个国家的可再生能源连接在一起，用来满足欧盟部分成员国之间的电力需求。其中的可再生能源包括苏格兰、比利时和丹麦三个国家的风力发电，德国的太阳能发电和挪威的水力发电。欧盟国家科学技术发展水平高，对可再生能源利用技术已经有一定的研究，再生能源利用后还可以在自然界再生循环。

（二）美国智能电网技术发展

美国是世界上最发达的国家，也是用电大户，原有的电力供应已经不能满足本国的需求，所以美国大力发展智能电网技术。美国的智能电网体系是充分利用智能网络把用户的电源连接在一起，这样可以有效解决水电能、太阳能、氢能和车辆电能的存储，进一步改善电网系统回收电池系统剩余电能的情况。目前，美国政府大力鼓励智能电网的建设，提供充足的技术支持，智能电网已经进入稳步推进阶段。

2006年，全球最大的信息技术和业务解决方案企业——IBM公司向美国政府提出智能电网的相关业务解决方案。这个解决方案主要是针对电网运行的安全性、提高电网输电的可靠性方面的问题，在已掌握的实际数据基础上进行相关分析，以优化电力系统的运行和管理。美国前总统奥巴马提出了能源计划，计划建设覆盖美国全境的统一电网，大力发展智能电网，充分利用国家电网，提高电网的利用效率和实际价值。

（三）欧美智能电网的共同点

欧美国家的科技发展水平世界领先，在发展智能电网时，可以利用已有的科学技术，加大研究力度。欧美智能电网的目的是在环境以及生态友好的前提下，改善现有电网技术，满足境内的能源需求。因此，欧美智能电网的侧重点都是连接传统发电和可再生能源发电，大规模开发利用可再生能源，建设合理的智能电网配电侧和输电侧。欧美智能电网在较大的地理范围内，充分利用不同地区的电力使用情况，对常规水电站、燃气电站以及抽水蓄能电站等电力来源进行调节，在用电高峰减少用电量并把这部分用电量转移至非高峰使用，对用电高峰进行调节以及水电互补，解决了因可再生能源的不连贯和随机而产生的问题。

四、我国智能电网技术的发展

（一）我国目前智能电网发展状况

直到2006—2007年，智能电网的概念才从国外引进到中国，在国内大范围传播。2007年，华东电网公司进行了智能电网在中国的可行性研究，之后又对智能电网进行了试点工程，启动了统一信息平台和高级调度中心等工程。2008年，华北电网公司把部分精力放在如何有效建设智能调度体系，研究和建设有关智能电网的主体——电网信息构架。2009年，国家电网公司首次提出“坚强的电网”计划，并于2010年4月公示《绿色发展白皮书》，计划2020年在全国范围基本完成“坚强智能电网”的建设，建设绿色能源的配置平台。这个计划要求在大规模电力输送过程中，输送清洁能源，提升电力系统的建设能力，提高能源利用效率，扩大电力的利用范围，减少空气污染，建设资源节约型，环境友好型社会。

我国在“863计划”中首次在国家层面提出对智能电网开展相关研究，计划在“十二五”期间投资10.5亿元对智能电网进行专项研究。这项研究包括二十几个课题，研究内容主要是风电接入原有电网、太阳能发电技术、输变电设备、电力利用新技术等，每一个课题都会落实一个试点项目，进行试验，如果成功将在适当调整后进行全国范围的推广。

（二）我国智能电网与欧美国家的区别

世界各个国家对智能电网的建设工作已经初步开展，虽然进行了一定程度的研究，仍然处于起步阶段。全世界智能电网相关计划主要有：美国的全国统一智能电网计划、欧盟的超级智能电网计划和我国的坚强智能电网计划。因为我国的国情复杂，国土疆域辽阔，智能电网的计划和建设存在较大的特殊性，与世界其他正在发展智能电网的国家存在一定程度的区别。

我国在智能电网的相关领域，如交流远程输送技术、特高压电流、输电侧等方面处于世界领先地位，获得重大的突破，取得相当程度的成就，但是在一些领域仍然远远落后于世界平均水平，如配电领域等方面。美国的高级量测体系覆盖率达到6%，自动抄表系统达到30%，而中国在这两方面则几乎为零。

五、我国智能电网新技术的现状

目前，我国经济持续高速发展，连续多年快速增长，城市化和工业化速度逐年增长，这对我国智能电网建设提出了较高的要求，要求智能电网既要一如既往地给社会供应充足电力，在原有电网的基础上要更加经济、安全、可靠、高效，还要适应时代发展，积极开发利用新能源和可再生能源，提供清洁、干净的能源，还要保护环境、节约能源。

（一）发电领域

智能发电的主要内容是新能源的有效使用技术和并入原有电网技术，新能源和可再生资源发电具有不容忽视的作用，拥有着传统能源不具有的优势，在并入原有电网方面需要进一步研究。增加新能源和可再生能源的使用，可以优化原有的电网能源结构，促进节能减排工作的开展，保护现有的生态环境，提高发电量，满足人们日益增长的用电需求。在新能源接入电网方面，可以加大研究力度，在现有的交流输电技术的基础上进一步开发，利用电力电子技术的灵活性，还可以提高电源容纳量，对可再生能源接入后的电网故障进行诊断，然后进行排除。

（二）配电领域

国家对配电领域的重点研究投资项目是储能技术、电力应用于汽车和配电自动化。研究储能系统，有益于新能源并网的补充，增加接入电网的稳定，可以进行电力调峰，优化现有的储能技术和能源配置。电力应用于汽车可以有效减少汽油的使用量，降低汽车排放量，减少空气中污染物，还可以降低汽车的部分成本，增加汽车行业的效益。集计算机技术、数据传输、控制技术、现代化先进设备以及管理于一体的配电自动化具有明显优势，可以提高供电可靠性和电能的质量，提供优质服务给客户。

（三）输电领域

我国在网量域测技术、传感器技术和量测技术等输电行业技术方面已经达到国际先进水准，可以进一步提高发展水平。加大PMU装置的投入使用，研发新型技术，提高测量的精确度，有效利用测量数据所获取的信息；在电力系统中安装电子监控、控制装置，增强电网对电压、电流的控制，提高电力传输效果。

（四）用户领域

我国加强智能电网的开发研究主要就是为了提供给用户更舒适的使用感觉，减少用户在用电高峰产生的问题。国家在用户领域推动SG186一体化平台的建设，在全国试点运行，部分省市的电力公司率先建立了智能化的服务系统，在试点过程中发现问题后及时更正，效果良好则在全国推行。建设完善用户信息采集系统、营销业务系统信息化等，全面采集用户的信息，预计用户未来的用电使用情况，制订行之有效的计划。

（五）控制系统

智能电网控制系统研发与应用涉及多个单位，技术目标是软件与硬件具备较高的安全性能，而计算机集群技术的应用则能够使系统处理能力和运输可靠性得到有效提升，所应用的体系结构能够有效提升系统互联能力，从而使原有的相互独立的系统横向集成，包括了不同的应用与基础平台，应用包括了预警与实时监控、安全校核与调度计划、管理等，能够实现对不同级别调度业务协调与控制，支持实时画面与数据，全网共享等。智能电网应用满足了大电网建模、实时数据库、实时图形浏览等一系列关键技术，多级协调、智能报警、协调控制等多项技术难题得以解决。智能电网调度控制系统开发与应用，调度技术也实现了换代与升级，使调度技术横向集成目标得以实现。电网监测工作从稳态转变为动态，分析工作从离线转变到在线，调度工作从局部转向整体，调度管理部门对整体电网的驾驭能力得到了强化。能够对大范围内资源进行有效的配置，并且故障处理能力也得到提升，从而确保电网能够正常安全稳定运行。

（六）电网标准

中国电力科学院组织多位电力专家，根据我国实际情况进行研究符合国情的智能电网标准，实现智能电网的标准化，不因为各个地区的不同情况而产生实施标准的差异。

“十二五”新兴能源重点扶持的领域之一就是智能电网建设，智能电网的建设可以为国家节约大量能源，促进资源节约型、环境友好型社会的建设。智能电网是未来世界各国重点发展的产业之一，是各国重要研究的方向，对各个国家都非常重要。发展智能电网，可以推动相关科学技术的发展，带动服务、金融、设备制造等相关产业的发展，加快电力应用于社会。

第二节 微电网技术

一、概述

微电网是一种将分布式电源、负荷、储能装置、变流器以及监控装置有机整合在一起的小型发配电系统。凭借微电网的运行控制和能量管理等关键技术，可以实现其并网或孤岛运行，降低间歇性分布式电源给配电网带来的不利影响，最大限度地利用分布式电源出力，提高供电可靠性和电能质量。将分布式电源以微电网的形式接入配电网，被普遍认为是利用分布式电源的有效方式之一。微电网作为配电网和分布式电源的纽带，使得配电网不必直接面对种类不同、归属不同、数量庞大、分散接入的（甚至是间歇性的）分布式电源。国际电工委员会（IEC）在《2010—2030应对能源挑战白皮书》中明确将微电网技术列为未来能源链的关键技术之一。

近年来，欧盟、美国、日本等均开展了微电网试验示范工程研究，以进行概念验证、控制方案测试及运行特性研究。国外微电网的研究主要围绕可靠性、可接入性、灵活性3个方面，探讨系统的智能化、能量利用的多元化、电力供给的个性化等关键技术。微电网在我国也处于实验、示范阶段，截至2012年年底，国内已开展微电网试点工程14个，既有安装在海岛孤网运行的微电网，也有与配电网并网运行的微电网。这些微电网示范工程普遍具备4个基本特征：

（1）微型。微电网电压等级一般在10kV以下，系统规模一般在兆瓦级及以下，与终端用户相连，电能就地利用。

（2）清洁。微电网内部分布式电源以清洁能源为主，或是以能源综合利用为目标的发电形式。

（3）自治。微电网内部电力电量能实现全部或部分自平衡。

（4）友好。可减少大规模分布式电源接入对电网造成的冲击，可以为用户提供优质可靠的电力，能实现并网/离网模式的平滑切换。

因此，与电网相连的微电网，可与配电网进行能量交换，提高供电可靠性和实现多元化能源利用。微电网与配电网电力和信息交换量将日益增大，并且在提高电力系统运行可靠性和灵活性方面体现出较大的潜力。微电网和配电网的高效集成，是未来智能电网发展面临的主要任务之一。借鉴国外对微电网的研究经验，近年来一些关键的、共性的微电网技术得到了广泛的研究。然而，为了进一步保障微电网的安全、可靠、经济运行，结合我国微电网发展的实际情况，一些新的微电网技术需求还应该有待进一步的探讨和研究。

针对近年来国内外微电网技术的新方案和新进展，下面将对微电网运行控制、供电可靠性和电能质量、经济运营与安全机制、仿真分析与工程建设四个方向进行阐述，并结合未来智能配网的发展趋势对微电网技术发展进行展望。

二、微电网运行控制

（一）微电网中电源数学模型及优化配置

微电网具有网架结构灵活、电源类型多样、控制方式复杂、运行模态多的特点，使得微电网中微电源的数学模型和多种微电源的优化配置具有十分重要的研究意义。首先，微电网中微电源大致可以分为逆变器型微电源和旋转电机型微电源两类，其中既可能包含柴油发电机、微型燃气轮机等易于控制的电源，也可能包含如风力发电机、光伏电池等具有间歇性和不易控制的电源，通常还需要配置各种类型的储能装置。这些电源的切换以及相互影响增加了微电网研究的复杂性。如何精确地建立各种分布式电源的数学模型，研究其对微电网动、静态稳定性的影响，具有十分重要的意义。其次，微电网的组网形式多样、网架结构灵活。交直流混合、单相-三相混合、高低压混合等多种网架结构的微电网在国内已有多处试验示范。研究复杂网架结构下，各种分布式电源的容量的优化配置对于微电网的经济运行具有重要的经济价值。

基于微电源的物理特性，建立其恰当的数学模型，是认识微电源各种动静态特性的基础。刘正宜、Lasseter R、Naka S等建立了微型燃汽轮机、风力发电、燃料电池、光伏电池等微电源的动态模型，分析了各种分布式电源的特性。Naka S、范元亮等针对微电网的小信号模型进行了研究，考虑逆变器交流侧滤波电抗，结合下垂控制简化模型建立了微电网小信号模型。考虑到微电源多与电力电子装置相衔接，曾正、赵荣祥等建立了逆变器型微电网的动态向量模型。目前，国内外对微电源底层电路模型的建模方式多样，各有优势，但因微电源种类繁多，又有各自适应性，因此还未建立普遍适用的微电源模型，变流器接口也未形成统一的标准。针对微电源和微电网的建模技术和理论体系还有待进一步的研究和完善。

储能系统是微电网中的一种特殊的微电源。储能系统由储能单元和双向变流器构成，

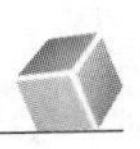

在联网运行时，储能系统能够存储能量；在孤岛运行时，储能系统起着加快切换时间，改善电能质量和平衡多种电源间响应时间不一致的弊端的重要作用。肖朝霞、苏玲、肖宏飞、盛鸥、Murakamia A 等建立了各种储能系统的数学模型，分析了其各自的特性，对微电网中储能的积极作用进行了评述。此外，储能系统和电力电子变流器间的响应速度的配合问题、储能系统容量和功率等级优化设计、配套双向直流变换器等都是值得进一步深入研究的研究课题。

微电网电源容量的优化配置直接影响能源的梯级综合利用效率、供电可靠性和电能质量等关键技术指标。王瑞琪、李珂等在分析分布式电源功率特性的基础上，考虑微电网系统中分布式电源、能源资源、储能和负载之间的匹配关系，构建了经济成本、供电可靠性和环境效益的量化目标函数，提出了混沌多目标遗传算法对独立运行微电网系统容量进行优化配置。徐林、阮新波等介绍了一种风光蓄互补发电系统容量的改进优化配置方法。微源、储能的选址定容和规划是微电网构建需要解决的重要问题，微电网的选址应主要考虑与本地负荷和分布式电源分布相适应以及能否有效支撑电网运行。现有微电源容量优化配置方法大都以经济成本最优为目标，Zeng Z、Zhao R X 等提出了一种以能量回收成本最优为目标的微电源优化配置方法，能在微电网的生命周期内最大限度地利用可再生能源出力。可见，现有基于微电源容量优化配置的研究目标多样且不尽相同，多目标智能优化配置方法还有待进一步的研究。

（二）电力电子技术在微电网中的应用

电力电子技术将成为实现未来智能电网快速、连续、灵活控制的重要技术。电力电子技术在微电网中的应用大体上可分为下列两大类：

（1）柔性交流输电（flexible alternative current transmission systems，FACTS）技术，如配网静止同步补偿器（distribution static synchronous compensator，D－STATCOM）、有源滤波器（active power filter，APF）、动态电压恢复器（dynamic voltage restorer，DVR）、统一电能质量调节器（unified power quality conditioner，UPQC）等装备在微电网/配电网中的应用。

（2）微电网内部电力电子并网接口的控制升级和先进控制策略的应用。传统电能质量柔性治理装备如 APF、D－STATCOM、DVR、UPQC、UPFC 等在微电网接入配网后将发挥更多作用，其支撑配电网的功能对于微电网同样适用。同时，这些电能质量治理装备还能够与微电网/微电源构成联合系统共同支撑配电网，有助于充分利用微电网/微电源的储备功率，降低高造价电能质量治理装备的容量，减少其对配电网的冲击和影响。

以电流源换流器和电压源逆变器为代表的微电源并网电力电子装置的出现，大大提高了系统电压、频率和功率调节的灵活性，并且使微电网可以灵活地选择网内运行频率和运行电压以适应不同的应用场合。在并网逆变器的上层调度控制方面，微电网控制策略和控制模式主要依靠恒功率控制（PQ 控制）策略、下垂控制（Droop 控制）策略和恒压/恒频控制（U/f 控制）策略及其组合或改进策略来实现。电力电子接口单元感知所在连接点的电压、电流信息，接受中央控制器的设定指令，按照设定向电网输送功率并保持公共连接点电压稳定是微电网逆变系统控制的基本要求，电力电子接口的有效控制是提高微电网运行灵活性的重要手段。目前微电网控制的核心问题之一是降低微电网运行模式切换冲击和实现平滑过渡，解决这个问题的关键是降低因网架不对称带来的模式切换前后功率不匹配问题和严格控制交换功率的规模（如Droop控制由孤岛转联网的适应性问题）。具备功率自动分配和电压稳定能力的鲁棒的、灵活的电力电子接口技术仍然是目前微电网应用的瓶颈技术和急需技术，Zhong Q C、Weiss G指出解决逆变器型微电源小惯性和平滑切换的一种模拟同步发电机运行的逆变器控制方法，有望成为分布式电源接入主流技术。在并网逆变器的电流跟踪控制方面，王成山、鲍陈磊等对接口技术中对逆变器功率环、电压电流环以及输出滤波器、等效输出阻抗的优化设计以提升系统性能以及改进拓扑结构等也有广泛的研究。同时，微电网电力电子接口与FACTS技术相结合，也为微电网电能质量问题的解决提供了更多方案，使得微电网在面临非线性负载、不平衡和三相四线制拓扑等情况时能有应对措施。Wu T F、Nien H S研究了微电网逆变器可以在非线性负荷或是网络失真的情况下，得到低谐波失真输出电压，改善电能质量。由于有源滤波器以及基于逆变系统的微电网系统具备相同的拓扑结构，复用逆变器构造新的功能，使得在并网逆变器的基础上引入滤波、补偿系统成为可能。Zeng Z、Yang H等就这类具有复合功能的并网逆变器拓扑进行了阐述。Gueon N、Lee D J等提出根据并网逆变器和有源滤波器相同的主电路结构，在并网控制算法中加入滤波环节，使之同时具备发电和电力滤波器的功能。汪海宁、苏建徽等提出一种光伏并网发电系统，将光伏并网与无功补偿协同设计，构成光伏并网发电功率调节系统，以提高供电品质和减少功率损耗。针对三相四线制微电网，Li Y W、Vilathgamuwa D M等提出一种三相四线制微电网系统混合电能质量补偿器，该混合电能质量调节器可补偿无功电流、零序电流，实现系统电能质量的改善。曾正、赵荣祥等提出了一种复合功能的并网逆变器拓扑并就微电网电能质量的定制进行了研究。电力电子接口型微电源供电质量与传统旋转电机型微电源相比受到电网侧传入干扰和电力电子变流器本身的影响较大，因此提高其供电质量除了提高控制器鲁棒性外，还须同时严格控制电网传入干扰。

目前中国电力科学研究院已经自主完成了微电网/微电源的智能接口技术如“同步逆变器”的研发，在虚拟电机技术、三相四线制供电、基于分频下垂调节的具备主动谐波治理能力的谐波下垂控制器、可改善电压调整的容性等效输出逆变器等，以及微电网与柔性电力装置的联合应用方向逐步形成体系，为柔性电力技术在配电网及微电网中的应用逐步提供较为齐全的解决方案。

（三）微电网多源协调控制与能量管理

微电网虽然也是分散供电形式，但它绝不是电力系统发展初期孤立系统的简单回归。微电网采用了大量先进的现代电力技术，如快速的电力电子开关与先进的变流技术、高效的新型电源及多样化的储能装置等。此外，并网型微电网与配电网是有机整体，可以灵活连接、断开，其智能性与灵活性都较高。微电网可以让配电网有更多的自由度来应对不同的运行工况，能量管理策略可以高效地管理微电网与配网间的能量交换，实现分布式能源的最大利用。因此，研究配电网高渗透率下微电网的群控技术和能量管理技术以实现“多源协调控制”，应是为我国未来几年能源战略中的重点之一。这里的多源协调控制既包含配电网中多微电网的协调控制、微电网中多微电源的协调控制，也包括多个供电单元、装备或接口的控制。

在网络拓扑上看，多源协调控制与能量管理涵盖设备层的本地控制器与主控层的中央控制器两大部分。针对网内多源协调控制问题，如储能与微电源间协调控制、储能与储能、微电源与微电源、逆变器接口与接口等，其动作时序配合问题、响应速度匹配问题都是研发重要领域。

基于群控技术的微电网能量管理系统可以采用集中控制分级（层）控制或分布式控制及这几种控制的混合方案。集中控制要求将实时数据传输到控制中心，具有信息集中、计算量大的特点；分级（层）控制将信息约束到一个较小的范围，上一级对下一级进行统一协调，是目前比较认可的控制方案；分布式控制从理论上尚未形成一致认可的方案，虽然其应用依赖于网络化控制技术的发展，但是却是一个极具发展潜力的控制方案。A. Dimeas 和 N. D. Hatziargyriou 研究了多代理系统技术在微电网控制中的积极作用。基于 C/S 架构的多代理微电网管理软件的使用，客户端在分布式发电（distributed generation，DG）机组、负荷、能量管理器实现了智能化分布控制，达到微电网内 DG 之间负荷分配最优化和微电网同主电网间能量交换的最优化。

同常规的电力系统相比，微电网中的可调节变量更加丰富，如分布式电源的有功出力、电压型逆变器接口母线的电压、电流型逆变器接口的电流、储能系统的有功输出、可调电容器组投入的无功补偿量、热/电联供机组的热负荷和电负荷的比例等。通过对这些变量的控制调节，可以在满足系统运行约束的条件下，实现微电网的优化运行与能量的合理分配，最大限度地利用可再生能源。同时，当微电网并网运行时，尤其是在微电网高渗透率情况下，适当的群控策略可以对微电网输出进行有效控制，降低配电系统中的配电变压器损耗和馈线损耗。

三、微电网供电可靠性和电能质量

（一）微电网与配电网交互影响及供电可靠性

微电网集成了多种能源输入、转换单元，是化学、热力学、电动力学等行为相互耦合的复杂系统。微电网存在多种运行状态，当微电网处于联网运行状态时，功率可以双向流动；在配电网故障时，通过保护动作和解列控制，可使微电网与配电网解列转为孤岛运行，独立向其所辖重要负荷供电，对于电网而言，微电网的这种孤岛运行是自主性的，避免了分布式电源非计划孤岛的情况，大大减小了分布式电源并网对电网安全的影响。在配电网故障消除后，通过并网控制可再次将微电网并入配电网，重新进入联网运行状态。微电网的运行特性既与其内部的分布电源特性以及负荷特性有关，也与其内部的储能系统运行特性密切相关，同时还与配电网相互作用，尤其在微电网渗透率比较高的情况下，这种相互作用将直接影响到供电可靠性。随着微电网渗透率的增加，即使系统大部分负荷主要由微电网承担时，由于微电网自身的稳定性和可靠性都要优于分布式电源，因此微电网渗透率的增加可以持续减少系统的平均停电次数与停电时间，提高系统的可靠性。

传统配电网一般呈辐射状，稳定运行状况下，沿馈线潮流方向，电压逐渐降低，有功负荷、无功负荷随时间的变化会引起电压波动，线路末端波动较大，如果负荷集中在系统末端附近，电压的波动会更大。当微电网接入传统电网后，尤其是当微电网接入馈线末端时，由于馈线上的传输功率的减小以及微电源输出的无功支持，沿馈线各负荷节点处的电压将被抬高，总体上将有利于提升配电网的供电质量。具体来看，微电源影响接入点的电压分下列两种形式：

（1）微电源与当地的负荷协调运行，即当该负荷变动时微电源输出跟随调度做出相应调整，此时的微电网将抑制电压波动。

（2）当微电源与当地负荷不能协调运行时，如利用风力、光伏系统等自然资源发电的微电网，由于其本身可调度性较差，此时的微电网接入电网后对当地电压的稳定也可能不起积极作用。就目前来讲，微电网公共耦合点（point of common coupling，PCC）点处的电压依然由电网公司负责，微电网并网按照系统能接受的恒定功率因数或恒定无功功率输出的方式进行，微电网参与配网电压和频率调整尚需一个过程，先进电力电子技术将在这一过程中担当重要角色。

此外，大型微电网启动或输出发生突然变化将造成电压闪烁，目前的解决方法主要是减少微电网启动次数并将微电源经变流器隔离后接入配电网以减小输出功率、电压、频率的大幅度变化。配电网对微电网的主要不利影响是不平衡电压和电压骤降这两个电压质量问题。当配电网故障时，连接微电网和配电网的隔离设备会断开，使微电网处于孤岛运行状态。当配电网发生短时扰动时，未达到孤岛运行条件时，微电网在公共耦合点维持不平衡的电压，如果没有补偿措施，失衡电压可能导致电机负荷和敏感装置的不正常运行，将给微电网的稳定运行带来问题。针对这种现象，Li Y W、Vilathgamuwa D M 研究了用于微电源的三相三线制电能质量补偿器，可以改善微电网内部电能质量的同时改善微电网和配电网交换潮流的电能质量，同时提出一个电流限制算法，使微电网在配电网电压骤降时避免受到大的故障电流的冲击。

随着分布式发电的广泛应用，高渗透率微电源的联网可能带来电网功角、电压、频率稳定等问题。Dolezal J、Santarius P 等在研究中就遇到了高渗透率条件下分布式电源的接入可能导致电网传输功率越限、短路容量增加等问题。虽然电网暂态稳定性依赖于电网拓扑结构及运行方式，但是这些问题的出现无疑加重了电网稳定运行的负担。高渗透率条件下微电网接入配网的适应性和可靠性判定将更加复杂。

（二）电能质量提升和评估

微电网电能质量的提升主要从下列两方面着手：

（1）使用配置电能质量治理装置，如有源电力滤波器、静止无功发生器、动态电压恢复器、统一潮流控制器等，对电能质量问题进行被动治理。

（2）从微电源控制策略出发主动提升电能质量。

下面主要从不同电能质量指标的角度分别探讨微电网电能质量的治理措施。

（1）不平衡控制。微电网内包括大量的单相微电源如单相入户式光伏逆变器非线性负载和不平衡负载，使微电网成为一个单相-三相混合的复杂供电系统，在这种情况下，必须通过三相四线制网络给混合系统供电，或依赖微电源逆变器完成不平衡补偿。微电网三相逆变器输出电压波形受电网畸变电压、负载谐波电流和直流侧电压中点平衡的共同作用，为使直流侧电压中点维持稳定并使输出电压波形跟踪参考电压。吕志鹏、罗安等针对一种四桥臂逆变器结构进行建模，采用 H -控制策略构造高带宽鲁棒控制器对中线桥臂和三相桥臂进行统一控制，能够有效主动提升微电网供电质量；在前馈解耦 PQ 控制结构基础上叠加前馈负序电压控制环以抵消电网电压负序量从而维持三相平衡，并通过改进的开

关函数调制法降低三次谐波分量输出，增加了微电网在复杂条件下的生存能力。

（2）无功电压控制。微电网中部署电容器用于补偿电压跌落和无功已成为常见做法，微电网中由固定电容器提供无功，对微电网无功和电压稳定有积极作用。Askari S A、Ranade S J 研究了微电网孤岛模式下无功电容器的优化配置问题，使用遗传算法实现了电容器布点和容量的最优化规划，有助于电能质量水平的改善。金鹏、艾欣等提出了采用势函数法的微电网无功控制策略。吕志鹏、刘海涛等提出了一种可改善微电网电压调整的容性等效输出阻抗逆变器，证实通过重新设计等效输出阻抗，使得逆变器能够承担配电网/微电网无功电压调节的任务。

（3）谐波抑制。微电网由于靠近负荷端，非线性负荷和大量电力电子设备使微电网内谐波水平尤其是高频谐波不容忽视，由于微电源逆变器与 APF 具备相同的主电路结构。Wu T F、Nien H S、汪海宁、曾正等提出了带有滤波功能的微电网逆变器控制方法，该系统同时具备并网发电和补偿谐波的功能，但按照传统理想电源的观点来看，这并不是一种优质的电力，因为逆变器输出并不是完美的正弦波，因而其应用效果还有待验证，这种控制方法有利于进行微电网内谐波的就地控制，从而在 PCC 点处不会对配网注入谐波。将 APF 配合无源滤波器应用于微电网谐波治理是工程上考虑的首选方案，但因多逆变器型微电网本身包括大量变流装置，与 APF 具备相同的逆变器拓扑结构，采用逆变器结构的 APF 来治理一个包含众多逆变器的微电网所含谐波也有较多争议，APF 的工作性能将受负载谐波电流扰动、电源谐波电压扰动、电网阻抗波动以及系统频率的影响，APF 本身的控制策略就是包括多种基本策略中的一种或几种组合应用，控制方式较复杂，加上微电网包括多个供电源，负荷分散，控制策略的选择和 APF 的安装位置都需要实际验证，现有的控制策略能否适用于微电网这个新环境值得进一步探讨。吕志鹏采用仿真算例验证了 APF 应用于微电网补偿的可能性和有效性，采用检测微电网并网节点处电网电流的控制方式可使得 APF 对系统的冲击最小。

在实际应用中，应根据现场情况正确选择 APF 等类型的电能质量治理装置的合适安装位置和控制方法，由于该类型设备启动需要吸收大量功率建立直流侧电压，应严格注意在微电网容量较小或孤岛运行条件下配置此类设备，以免给微电网运行带来冲击。

（4）频率稳定。微电网频率稳定问题主要是由于内部多个微电源同时参与调整频率引起的。Georgakis D、Papathanassiou S 等提出一种微电网孤岛运行时的电压－频率控制策略。设计实验包括两套微电源，分别是储能装置和光伏系统，分别在微电网并入公网与退出公网时提出相应的电压－频率控制方案并利用 PSCAD 进行了仿真实验，指出为了获得频率稳定，需要提供逆变系统主控器一个类公网正弦信号作为参考。频率问题不似电压调整问题复杂，一旦微电网联网运行，稳态时其运行频率会自动拉入同步。

（5）环流抑制。微电网内存在逆变器型微电源和旋转电机型微电源，低压线路阻抗一般呈阻性，但是微电网中分布式电源接口一般配置 LC 或 LCL 滤波器，且部分微电源需要变压器进行升压。滤波器、变压器的存在和闭环控制技术使得微电网线路阻抗一般呈现感性，逆变器接口的微电源采用有功功率/频率（P－f）、无功率/电压（Q－U）型的下垂控制策略有助于更好地与旋转电机接口的微电源实现负荷功率分配从而抑制环流，但也有部分研究者认为采用无功功率/频率（Q－f）、有功功率/电压（P－U）型的下垂控制策略更适用于微电网环境。

微电网内环流不可能完全消除，并在一定范围内允许存在，通过合理匹配微电源间等效输出阻抗以实现微电源按容量比例分配负荷和功率波动，是抑制环流的重要手段。吕志鹏、罗安、蒋雯倩等针对一种包含电压电流环的多环反馈控制器结构，通过构造积分器，重新设计等效输出阻抗，解除无功功率控制与等效输出阻抗的制衡关系，使改进下垂控制器在不同容量微电源并联系统应用中具备较强的鲁棒性能，提高了负荷功率分配精度，有效降低系统环流；Zhong Q C、Weiss G 仿照区域电网同步发电机运行特性提出一种基于虚拟同步发电机技术的微电网逆变器控制器，并与传统功率下垂控制法对比，分析了其在抑制微电网系统环流方面的优势。

（6）微电网与电能质量治理装置的联合运用。吕志鹏提出微电网与配电网静止无功发生器联合运行系统和一种逆变型微电源与静止无功补偿器联合运行系统，研究了具备相同逆变器拓扑结构的电能质量治理装备与微电源的相互影响机理和控制域耦合关系以及电能质量治理装置在平抑微电网电压波动、协助低电压穿越和补偿无功方面的效果。微电网与配电网中原有的电能质量治理装备组成联合系统，有利于最大化利用微电网储备功率，降低电能质量治理装置容量。

在微电网电能质量标准和评价方面，有关微电网电能质量问题的检测评估目前依然依赖 GB/T 19939—2005《光伏系统并网技术要求》来执行，国家电网公司微电网接入技术标准目前正在制定过程中。IEEE 1547 分布式发电技术标准对电压调整、电压、频率、直流注入、闪变、谐波逆变器互联等问题也有详细描述，其中有关共模电流、直流注入、闪变等问题国内研究较少。

四、微电网经济运营与安全机制

（一）微电网经济运营

随着分布式发电渗透率的提高，微电网凭借其能源清洁、发电方式灵活、有功和无功单独可控、具备储能、与环境兼容、线路损耗小等优点将得到不断发展。但就目前来看，由于目前微电网内部储能设备以及控制中心价格水平较高，微电网建设初期投资较大，还没有出台针对微电网的上网电价与补贴形式，现有条件下，对于同等规模的分布式发电，采用直接并网方案比采用微电网方案将更加经济。目前，微电网的建设主要以保障特殊重要用户供电可靠性需求和满足偏远地区电力供应为主。

目前，各国均已将促进清洁能源和可再生能源并网作为重要目标。2013 年 5 月起，德国正式启动对太阳能电力存储的补贴政策，个人为太阳能装置购买的储能电池将能够从国家获取最多 660 欧元/(kW·h) 的补贴，第 1 年的补贴总额达到了 2500 万欧元。2011 年，英国发布了《电力市场化改革白皮书》，计划改进电力市场机制以吸引更多低碳投资，促进新能源和清洁能源发展。此外，德国固定电价制度、英国绿色证书交易制度、西班牙溢价电价制度等也均以提高清洁能源和可再生能源的市场竞争力为初衷。我国在电网环节也在积极开展完善可再生能源和微电网接入系统工程的价格补贴机制，并且将电动汽车充换电设施投资纳入电网成本等诸多工作。

微电网经济运行的热点主要集中在对分布式电源出力波动性的处理和引入微电网后如何计算配网成本效益上。Hernandez - Aramburo C A、Green T C 较早地提出了微电网经

济运行模型；Chen S X、Gooi H B 等考虑以风电处理时间序列上的均方根误差和光伏出力的平均绝对误差来确定出力随机波动的范围，据此在模型中设置旋转备用约束；徐立中、杨光亚等通过场景生成和削减方法产生的不同场景来表示风电出力的随机性，并利用罚函数将微电网和配电网连接点处的功率波动引入目标函数，能够在优化系统总成本的同时，减少风电出力波动性对电网的影响；靠近终端负荷的微电网可成为电网需求侧管理的直接参与者，协助提高用户能源使用效率。在高峰电价时，调度微电网内电源满发送电上网，支援配电网，缓解供电阻塞；在低谷电价时，可以低价从配电网购电用于网内负荷和储能充电。完成配电网调度任务的同时，合理地利用峰谷电价实现盈利是微电网经济运营的重要途径，但就目前来讲，电价机制不灵活，实现真正的微电网经济运行还需政策的逐步调整。

（二）微电网安全机制与保护

微电网存在孤岛运行的模式，伴随而来的是孤岛检测和防反送电等安全机制问题。微电网中的分布式电源由于接入电压等级低，虽然功率就地平衡，但也会对电网会产生一定的影响，具体表现如下：

（1）单相-三相混合系统中单相分布式发电系统故障会导致系统三相不平衡。

（2）连接有分布式电源的地区，继电保护整定存在一定的复杂性，保护定值配合难度加大，影响配电系统上的保护开关的动作程序，冲击电网保护装置等问题。

（3）连接有分布式电源的地区，调度并网、解网、停送电运行操作也较复杂，需要考虑同期并列等。

（4）微电网处于由联网运行向非计划转孤岛运行的切换过程中，伴随频率和电压参考标准的变化和交换功率的陡降，负载功率将全部由微电网电源承担，将可能会严重影响微电网内装备的正常运行和电能质量，损坏逆变器等电力电子装置甚至出现严重的后果。

微电网可能产生孤岛效应的情况大致有下列三种：

（1）配电网发电系统停止运行导致整个电网停电，但是微电网仍然通过并网开关连接在电网上，微电网储能和备用容量有可能短时维持向电网供电。

（2）配电网或配电网某处线路断开或跳闸，造成微电网与网内负载或部分网外配电网负载形成独立供电系统，并可能进入稳定运行状态。

（3）微电网并网开关计划或非计划断开，但是微电网未安全停运。虽然目前国内外对孤岛存在的条件还没有形成统一的认识，但对于孤岛效应引起的负面影响的认识却一致。IEEE Std. 2000—929 规定有功功率失配度在50%以内且本地负载（品质因数不超过 2.5）功率因数大于 0.95 时，并网逆变器应在 2s 内检测出孤岛现象并停止向配电网供电，GB/T 19939—2005《光伏系统并网技术要求》也规定防孤岛效应保护应在 2s 内动作，将光伏系统与电网断开，同时也规定当电网接口的电压幅值超过额定值的 85%～101%的范围时，光伏逆变器应与电网断开。微电网孤岛效应检测需要满足三点：①对不同的孤岛响应差异化设计；②快速性；③考虑分布式发电系统装置的工作特性。

有关微电网/分布式电源保护的研究主要涉及分布式电源故障条件下输出短路电流特性对现有保护配置的影响问题，这取决于分布式电源装机容量、接入位置和系统线路和负荷特性。只有分布式电源在电网故障时短路电流输出达到一定的程度才可能导致保护的误动或拒动。从目前仿真结果来看，由于小容量的分布式并网电源贡献的短路电流还达不到保护装置裕度设置，基本不会对现有配电网保护配置造成影响，并且在某些情况下会使现有保护更加灵敏。旋转电机型分布式电源和逆变器型分布式电源故障情况下输出短路电流特性是有差异的：逆变器型分布式电源故障时短时内（不超过热极限）能够输出恒定的短路电流，但对短路电流的贡献主要取决于逆变器电流饱和模块的限值；而旋转电机型分布式电源故障恢复过程是个大冲击电流的衰减过程。

针对分布式电源的保护技术主要提出限制分布式电源注入容量、利用正序阻抗变化量来确定故障、基于通信技术的自适应保护方法以及多 Agent 技术应用于继电保护等技术等。而将地域上相近的分布式电源构建微电网接入配电网运行可有效降低其对配电网的影响。因为，微电网不仅强调有效利用分布式能源，提供高质量的供电服务，而且强调分布式电源不对接入的配电网带来不利的影响，从而解决了分布式电源的大规模接入问题，充分发挥分布式电源的各项优势，同时为用户带来经济效益。

五、微电网仿真分析与工程建设

（一）分析、计算和仿真平台开发

分布式供电系统和微电网高渗透对配电网的影响和模型研究成为目前的研究热点。其中，仿真软件平台和仿真程序包是对系统运行进行模拟验证、计算的有效手段，将为分布式供电系统和微电网工程实施提供重要参考。分布式电源及其构成的微电网与传统仿真中旋转电机型电源构成的配电网相比具有差异的稳态、暂态特性，控制方式复杂，单一的分布式电源仿真构建已较复杂，随着分布式供电系统/微电网规模增大，以逆变器为代表的变流器大量列装，加上系统本身包括众多线性、非线性元件，自身结构多样，带来仿真步长和仿真精度间、海量仿真节点与计算机系统开销间的突出矛盾。从目前流行的仿真软件和建模方式看，含大量电源的分布式供电系统/微电网仿真多是单个电源仿真模型的简单罗列，不能完整反映分布式供电系统/微电网网架结构与配电网间结构信息的不对称性，不能高效实现大规模配网机电暂态仿真和局部电网（分布式供电系统/微电网）电磁暂态仿真的平滑连接，在时间尺度上不能确切反应微电网电力电子电磁暂态过程与配电网中长期机电暂态过程的交互，可靠性计算、稳定性计算等没有全面考虑分布式电源的特殊性等。亟须依据接入配电网比例，从控制特性和物理特性两方面着手，通过对实际仿真模型输入输出外特性进行统计分析和拟合，建立更快速的分布式电源和其他组件仿真程序包，准确反映分布式电源（旋转电机型和逆变器型）等效输出阻抗与功率输出特性间的耦合关系、最大功率极限配置、最大冲击电流、暂态响应时间长度以及故障过程中变流器控制器和限流保护的动态行为及开关动作等重要特征，能够体现分布式电源与分布式供电系统/微电网系统、分布式供电系统/微电网与配网系统间的相互关系，克服频繁调用数学模块对运行速度的影响，以适应大规模海量节点仿真的需要，从而提高应对分布式供电系统/微电网的大比例接入快速分析和决策能力。

分布式供电系统和微电网引入配电网可以在一定范围内提供快速功率支撑、提高电力系统稳定性，多源电网新格局的复杂性使稳定域判定显得越发重要。在这些新元素的作用下，当系统受到扰动时，分布式供电系统或微电网能够抑制的状态变量最大偏移值较难确定，并且由于逆变器型电源或微电网物理结构的限制或容量限制，控制器在执行控制命令

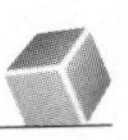

时存在饱和现象，增加了稳定域判定难度。电力系统中普遍存在的各种故障、扰动和测量误差等，也会使得分布式供电系统/微电网控制器所需的输入信号中不可避免地混入干扰量。在这两种因素的影响下，确定系统的稳定域将更加困难。与复杂的解析方法相比，利用仿真对控制器饱和现象与扰动进行分析的适应性更强。

目前，仿真平台如Dig SILENT、PSCAD等大多依赖进口，国产软件各有不同的适应性，分布式供电系统/微电网仿真平台建设将以具备分布式电源精确模型、机电－电磁混合仿真能力和模型扩展能力为开发目标，以应对超大计算量、快速获得稳定域边界作为研究目标之一，能够以较小的系统开销有效地开展高渗透率条件下分布式电源/微电网仿真计算。

（二）工程建设情况

目前国外建成的微电网工程，如美国俄亥俄州沃纳特测试基地以及范特蒙特微电网，日本爱知县、京都和仙台微电网，希腊国立工业大学和基斯诺斯岛微电网，荷兰阿纳姆微电网，德国慕尼黑微电网示范工程，以及意大利、加拿大等国，都大量以微型燃气轮机为主要供电电源，兼有小容量的光伏和风力以及其他形式能源。用于科研的微电网工程主要实现检验微电网各部分动态性能、对基于代理的分散控制系统进行测试、对稳态暂态过程进行分析和电能质量检测等；而用于居民小区配套的微电网工程主要实现冷热电三联供，运行模式单一（或孤岛或联网），对于微电网运行模态的综合分析和综合控制策略，以及无缝切换等都研究较少或受容量限制不具备代表性和借鉴性。

国内微电网示范工程由于供电环境复杂、运行模式多样，在保证供能的基础上更多地关注能量综合控制、多微电源协调控制以及快速解并列装置研制上。国家电网公司、南方电网公司以及天津大学、合肥工业大学等高校近年来在微电网示范工程方向开展了卓有成效的工作，先后在河南、浙江、内蒙古等地建立了微电网示范工程，并取得了良好的示范效果，对保护控制、协调运行、能量管理、运营策略等积累了大量工程经验。2012年，中国电力科学院承建的蒙东陈巴尔虎旗赫尔洪德“分布式发电/储能及微电网接入控制试点工程”完成结题验收，主要建设内容为50kW风力发电、峰值功率110kW光伏发电、50kW·h锂电池储能装置、分布式发电/微电网并网控制和能量系统，系统在400V低压等级与主供电网并网运行。项目提出了基于风光储互补发电与35kV配电化电网延伸相结合的供电技术解决方案，实现了微电网与配电网、微电源与微电网以及分布式电源与微电网、分布式电源与配网的友好互动。蒙东分布式发电/微电网工程成功投运并网运行，为我国分散式可再生能源接入电网提供了重要示范，具有里程碑意义。

在目前我国大力开发海洋资源的新形势下，海岛微电网建设具备现实意义。依托国家“863计划”项目，浙江省电力公司目前正在南麂岛和鹿西岛建设两个微电网示范工程。南麂岛为离网型微电网，建设规模为风力发电10100kW、光伏发电545kW、海洋能发电30kW、柴油机发电1600kW，储能系统与电动汽车充换电站配合，采用电动汽车标准电池，储能电池可以利用存储的电能向电网供电，减少柴油发电机运行时间，也可以作为电动汽车的动力电池，使多余可再生能源得到充分利用。鹿西岛并网型微电网示范工程建成后，各分布式电源年上网电量分别为：风力发电约2300MW·h、光伏发电约300MW·h。鹿西岛并网型微电网示范工程的建设，不仅可以为岛上用户提供清洁可再生的能源，而且能够对并网型微电网的运行特性以及在运行过程中微电网与配电网之间的交互影响进行分析验证，为未来并网型微电网友好地接入电网提供经验，并为相关标准、规范的制定打下坚实的基础。

六、展望未来

微电网是未来智能配电网实现自愈、用户侧互动和需求响应的重要途径，随着新能源、智能电网技术、柔性电力技术等的发展，微电网将具备如下新特征：

（1）微电网将满足多种能源综合利用需求并面临更多新问题。大量的入户式单相光伏、小型风机、冷热电三联供、电动汽车、蓄电池、氢能等家庭式分布电源、大量柔性电力电子装置的出现将进一步增加微电网的复杂性，屋顶电站、电动汽车充放电、智能用电楼宇和智能家居带来微电网形式的灵活多样化、多种微电源响应时间的协调问题、现有小发电机组并入微电网的可行性问题、微电网配置分布式电源/储能接口标准化问题，微电网建设环境评价、微电网内基于电力电子接口的电源和FACTS装置控制域耦合问题等都将成为未来微电网研究的新问题。

（2）微电网将与配电网实现更高层次的互动。微电网接入配电网后，配电网结构、保护、控制方式，用电侧能量管理模式、电费结算方式等均需做出一定调整，同时带来上级调度对用户电力需求的预测方法、用电需求侧管理方式、电能质量监管方式等的转变。为此，一方面，通过不断完善接入配网的标准，微电网将形成一系列典型模式以规范化建设和运行；另一方面，将加强配网对微电网的协调控制和用户信息的监测力度，建立起与用户的良性互动机制，通过微电网内能量优化、虚拟电厂技术及智能配电网对微电网群的全局优化调控，逐步提高微电网的经济性。实现更高层次的高效、经济、安全运行。

（3）微电网将承载信息和能源双重功能。未来智能配电网、物联网业务需求对微电网提出了更高要求，微电网靠近负荷和用户，与社会的生产和生活息息相关。以家庭、办公室建筑等为单位的灵活发电和配用电终端、企业、电动汽车充电站以及物流等将在微电网中相互影响，分享信息资源。承载信息和能源双重功能的微电网，使得可再生能源能够通过对等网络的方式分享彼此的能源和信息。

（4）自微电网的概念被提出以来，国内外已经有比较多的技术积累。近年来微电网在运行控制、供电可靠性与电能质量、经济运营与安防、仿真建模与示范工程建设等方面有不同程度的进展和问题。

1）在微电网规划方面，微电网的网架结构多样、电源特性差异大、应用模式多变、微电网运行和控制复杂，微电网的定容与选址还应与电网规划相协调，以确保电网的安全稳定为前提，同时应注意最大化整合利用微电网范围内的多种综合能源，并进一步对微电网在偏远地区、城市负荷中心等不同场景下的应用进行细分研究。

2）在运行控制、供电可靠性和电能质量方面，微电网与配电网既相互影响又相互支撑，且微电网具有可利用的储能装置和控制保护装置实现联络功率平抑和网内局部保护的显著优势。总体来讲，鲁棒性强、灵活可控的微电网及微电网群对配电网供电可靠性和电能质量可起到有益的支撑作用。

3）在微电网经济运营方面，微电网的经济运行目前尚缺乏电力市场运营的大背景，离商业化运营还有一定的距离。但是伴随分布式发电占有率的不断提高和设备成本的下

降，微电网经济性也将逐步提高。一些能够被电网和用户认可的运营方案还有待进一步的研究和完善，以实现微电网的高效、经济运行。

4）在微电网仿真建模与示范工程建设方面，开发适用于我国微电网及分布式发电的分析、计算和仿真工具仍是目前需要重视的重要工作，示范工程应更注重于配电网的交互，微电网是配电网不可分割的一部分，应更正微电网即孤网的观点。

从国家能源转型、社会行业发展和电网企业发展来看，微电网技术都将面临发展机遇，未来智能电网对适应于能源结构、行业进步和社会发展的微电网技术有巨大需求。微电网作为智能电网的一个重要组成部分，以其能源形式的多元化、并网接口的柔性化、电能质量的定制化、能量信息流的双重化等典型特征，将在未来电网中发挥重要的作用。

第三节　智能电网技术及在电力系统规划中的应用

一、概述

（一）智能电网发展历程

现代社会的发展已经离不开电力能源的支持，智能电网新技术的建设在节约能源、提高配电效率与质量方面具有举足轻重的影响，电力管理部门应对智能电网新技术予以重视，充分发挥其优势，促进电力行业的发展。

我国在智能电网方面起步较晚，与发达国家之间存在一定差距，因此我国应加大研究力度，借助科学技术尤其是电力技术上的后发优势，不断提高智能电网新技术在电力系统规划中的应用效果，以此推动我国电网的现代化进程，并为社会发展提供清洁、优质、经济的电力能源。

随着经济发展和科学技术进步，智能电网已经逐渐融入我们的生活，为人们的生活提供了极大便利。智能电网指的是以高速双向通信网络为基础进行建设，以量测技术与传感技术为载体，配置先进的硬件设施，培养专业的人员利用专业的技术配合决策支持系统进行控制的电网应用。智能电网将现代计算机技术、通信技术、信息技术以及其他相关新技术与电力生产进行有机结合，提高了输电、配电基础设施的运营质量与效率，对电力行业的发展具有重要影响。如今智能电网技术已经渗透到了电力生产的每个环节，解决了电力系统规划中存在的现实问题，使电力系统在应用上更加高效快捷，保证了电力系统高速、稳定、可持续的运转状态。

（二）智能电网的特点

智能电网在电力系统规划中具有下列四个方面的特点：

（1）自愈特点。电力系统在运行中因其复杂多变的特点经常导致电力技术和电网等方面出现问题，智能电网的自愈特点可以自动筛选和隔离问题原件，并且协助电力企业工作人员及时修复电网系统。

（2）坚强特点。电力系统在运行过程中经常受到外界各种因素的干扰，容易使电网陷入故障状态，进而影响电力系统运行的效率与质量。智能电网可以对威胁电网安全的因素发起攻击，具备强大的抗攻击和反击能力，保证了电力信息安全。

（3）集成特点。智能电网可以实现电网信息的共享与集成，从而实现电力系统规划管理的标准化与规范化。

(4) 优化特点。智能电网技术可以不断优化电网资产管理与运行过程，同时还可以降低电力系统的运行成本，提高了电力企业的经济竞争力与社会竞争力。

二、智能电网新技术分析

(一) 分布式发电储能技术

发电是电力生产中最为关键的环节之一，在该过程运用智能电网技术具有重要意义。分布式发电储能技术实现了风能、地热能、太阳能、生物质能等多种能源的分布式发电及储存，在提高电力企业发电功率的基础上降低了污染物的排放，有利于实现发电企业绿色健康发展。分布式发电储能技术响应了国家绿色发电的号召，同时具有发电可靠、安全、高效的特点，有利于提高发电稳定性。该技术因为增加了风能、太阳能的发电比例，因此在实际生产中容易受环境因素的影响，需要提高该技术的稳定性。

(二) 智能调度技术与电子技术

电力生产是一个复杂过程，如何提高输电、配电安全性与效率需要依靠调度技术的支持，智能电网中的智能调度技术能够有效提升调度系统驾驭电网系统的能力，保证调度过程的准确性与科学性。智能调度技术的应用提高了电力企业资源配置效率，使电力企业用最小的成本创造最大的价值，促进了电力企业的可持续发展。电力企业在电力生产过程会涉及众多科技含量较高的大型电子设备，现代电力电子技术的应用保证了这些设备的正常运行，进而维持电力系统的稳定运行。

(三) 参数量测技术

参数量测技术是智能电网技术中的基础，主要作用是通过对电力系统运行中各种参数的测量，获知电力生产过程中的具体情况，并且参数量测技术还可以将测量到的数据转化为有效信息以满足智能电网的应用。参数量测技术测量的数据主要包括电能质量、功率因数、设备健康状况以及故障分析、变压器与线路负荷、电能消费等，相关工作人员可以根据这些信息对电网的运行状态进行评估，确保电网运行的完整性、安全性与高效性。随着智能电网的发展，传统的电磁表计量与读取系统已经逐渐被淘汰，参数量测技术可以更加快速准确地获取电网运行过程的数据及用户的消费情况，具有更加智能便捷的优势。

(四) 现代化的输电配电技术

智能电网中的输电配电技术之一是特高压输电技术，这种技术的一大优势是可以尽可能地减小污染，在倡导绿色生产的今天给电力企业带来了巨大的经济效益。特高压输电技术的另一大优势是可以确保输电过程的稳定性，克服了传统输电过程易受环境因素干扰的缺点，极大地提高了输电效率与输电质量。智能电网中的输电技术节约、环保、稳定，是现代电力企业中不可或缺的重要技术。高温超导输电技术是智能电网中的另一重要输电配电技术，该技术利用高温超导材料作为输电载体，具有输电损耗小的优势。

(五) 智能电网通信技术

构建双向、高速、集成、实时的通信系统是智能电网高效运行的基础，只有依靠通信技术才能保证大量现代化电子设备的正常运行。高速双向通信技术是电力系统运行中的关键技术，主要功能是实现设备之间、人和设备之间的高效快速交流，同时该项技术还具有自我检测及故障检修功能，提高了维修工作人员的效率。智能电网通信技术实现了数据收

集、保护及控制的智能化，提高了电网的运行效率，也推动了智能电网的建设，能够最大限度地满足现代社会对电力能源的需求。

三、智能电网新技术在电力系统规划中的应用

（一）自动检查与寻找

现代互联网技术的发展促进了智能电网的发展，能够更好地实现远程数据传输，还可以通过先进设备完成电网的监控。智能电网新技术的应用实现了对电力系统的自动化检查，检查内容包括各部件是否正常工作、系统运行中是否存在安全隐患等，能够及时发现电力系统中存在的问题并提供解决对策，进而保证电力系统运行安全。自动寻找技术的作用是可以进行最优线路选择，自动为电力企业寻找最佳供电线路，从而提升供电过程的安全性与高效性。该技术还可以及时寻找故障信息，提升故障排除效率。

（二）建立智能电网信息模型

电力企业需要建立智能电网信息模型对电网进行科学有效的管理，管理内容不仅包括对电力系统进行信息化管理，还需要整理电网数据间的层次关系。智能电网信息模型中的空间图形信息依靠 GIS 技术准确地描述各个电力空间的位置，生产属性信息则依靠众多现代化设备收集大量数据指导电网的生产运行。

电力企业建立智能电网信息模型时需结合电力技术的生产过程和过程数据，严格遵循模型演进规则，以免影响智能电网信息模型的准确性。

（三）数据库的自动化更新

现代计算机技术的快速发展给现代社会带来了不小的冲击，也对电力系统规划产生了直接影响，电力系统需要利用该技术结合智能电网技术对电网数据库中的全部信息实行统一的模式管理。

（1）电力企业需要实现数据库的不断更新，实现方法为依靠电网运行中的特殊元件完成数据的自动采集入库。

（2）技术人员还需要在服务器端建立缓冲区，利用其对电网运行中的常用数据及重要数据进行采集分析，以此优化智能电网中的数据库，从而实现数据库的自动化更新。

（四）智能电网项目评价

智能电网项目评价是电网规划工作的核心步骤，其科学性与准确性直接影响着电力网络的运行质量。电力企业需要构建科学合理的智能电网项目评价指标体系，保证项目评价的准确性与合理性。智能电网项目评价需要保证全面性，即评价指标要符合智能电网的内容和特点。同时还需要保证评价的客观性与典型性，使评价指标能够客观真实地反映电力系统规划的实际情况与突出问题。易实现性也是完成智能电网项目评价的重要原则，指标需要方便测量和计算才能提高电力系统的运行效率，进而为电力企业创造更大的利润。

四、展望

近年来，电力行业的竞争越来越激烈，只有充分利用智能电网新技术解决电力系统规划中存在的问题，才能在激烈的市场竞争中占据有利地位。智能电网技术的应用降低了电力技术成本、提高了输电配电效率、降低了电力企业管理难度，对电力企业适应现代化发展具有至关重要的影响。电力企业应加大投入力度，不断探索新型电网技术在电力系

统中的应用策略，建设适合我国特色的智能电网，进而促进电力行业的智能化、现代化发展。

第四节　多端直流输电与直流电网技术

一、概述

随着传统能源的短缺和环境恶化问题的不断加剧，世界各国已经认识到能源的利用与开发必须从传统能源向绿色可再生能源等清洁能源过渡。截至2012年6月，我国并网风电容量已达到52.58×10^3 GW，成为世界第一风电大国；同时我国光伏发电容量也将达到4GW。但受限于电力系统消纳能力，大部分可再生能源未得到有效利用，甚至出现“弃风”“弃光”现象。风电、太阳能等新能源发电具有间歇性、随机性特点，属于间歇式电源。随着各种大规模可再生能源接入电网，传统的电力装备、电网结构和运行技术等在接纳超大规模可再生能源方面越来越力不从心，为此必须采用新技术、新装备和新电网结构来满足未来能源格局的深刻变化。而基于常规直流及柔性直流的多端直流输电系统和直流电网技术是解决这一问题的有效技术手段之一。

当前，国外对多端直流输电及直流电网技术的研究日益深入。国际大电网会议成立6个工作组，在直流电网可行性、规划、直流换流器模型、拓扑、潮流控制、控制保护以及可靠性等方面开展研究工作。此外，欧洲已于2008年提出超级智能电网（Super Grid）规划，旨在充分利用可再生能源的同时，实现国家间电力交易和可再生能源的充分利用；并于2010年4月成立了一个包含技术研发和示范工程的合作组织——TWENTIES，即利用创新工具和综合能源解决方案，来实现大幅度低电压范围的风力发电及其他可再生资源发电的电力传输，旨在为迎接大规模风电进入欧洲电力系统扫除障碍，帮助欧洲实现其20/20/20目标，即欧洲要在2020年实现：CO_2排放降低20%；能源利用效率提高20%；20%的电力消耗来自可再生能源。2011年，美国基于其电网大量输电设备老化、输电瓶颈涌现、大停电事故频发的现实，提出了2030年电网预想（Grid 2030），即美国未来电网将建立由东岸到西岸、北到加拿大、南到墨西哥，主要采用超导技术、电力储能技术和更先进的直流输电技术的骨干网架。

下面从对直流输电发展的背景分析入手，分析两端常规直流和柔性直流输电技术，并在此基础上深入分析多端直流输电和直流电网的基本概念，结合多端直流和直流电网的区别与联系及其各自的技术特点，解析构建未来直流电网需解决的技术瓶颈。

二、输电技术的发展

（一）交直流输电技术

人们对于输电技术的认识和研究始于直流。1882年，历史上首次远距离直流输电实验获得成功；同年第一条真正意义上的直流输电线路建成，但电压只有1.5kV，输电效率仅为25%。早期的直流输电存在电压变换困难、功率难以提升以及发电机不易换向、可用率低等缺点，因此逐步被交流输电所取代。1891年，第一条交流输电线路建成，电压为15.2kV，输电效率已提高至80%。随着1895年美国尼亚加拉复合电力系统建成，交流输

电系统的主导地位被确立了。随后高压交流输电技术进入快速发展阶段，100 多年来输电电压由最初的 13.8kV 逐步发展到 1000kV；交流发电机容量也从 1955 年的 300MW 迅速提升到 1973 年的 1300MW。

随着高压交流输电技术的蓬勃发展以及广域交流大电网的形成，交流输电也遇到了其固有的系统同步性、输电稳定性、输电效率相对直流系统较低等技术瓶颈问题；同时交流大电网的安全运行问题也日益突出。据不完全统计，1965 年至今，世界范围内发生大规模停电事故（负荷损失 800 万 kW）高达 25 次，仅 2012 年 7 月 30 日和 31 日，印度北部连续发生 2 次重大停电，使得约 6 亿人受灾。因此，交流输电系统是否是未来电能输送的唯一技术解决途径，这样一个问题再次被提出。

（二）高压直流输电技术

在交流输电技术日益成熟的同时，HVDC 技术也随着大功率电力电子器件、高压换流技术的发展而发展，克服了早期直流技术瓶颈问题，20 世纪 50 年代，高压大容量的可控汞弧整流器的研制成功标志着 HVDC 技术重新回到历史舞台。

HVDC 技术是指由整流站将送端交流电能转换为直流电能，通过直流线路将直流功率输送到逆变站，再通过逆变站将直流电能转化交流电能送到受端交流系统的直流输电技术，主要经历了三个重要发展阶段。

（1）汞弧阀换流阶段。1928 年具有栅极控制能力的汞弧阀研制成功，1954 年世界上第一个采用汞弧阀直流输电工程在瑞典投入运行。但由于汞弧阀制造技术复杂、价格昂贵、故障率高、可靠性低、维护不便，因此逐渐被晶闸管换流技术所取代。

（2）晶闸管换流阶段。1956 年美国贝尔实验室发明晶闸管，次年美国通用开发出第一只晶闸管，并于 1958 年实现商业化。1972 年，世界首个采用晶闸管阀的直流输电工程加拿大伊尔河背靠背直流输电系统建成，并开始蓬勃发展，随着电压和容量等级的不断提高，这种输电技术在长距离大容量输电方面发挥越来越重要的作用。

（3）可关断器件换流阶段。1990 年由加拿大 Mc Gill 大学提出了电压源换流器高压直流输电（voltage sourced converter HVDC，VSC - HVDC）技术，并由 ABB 公司于 1997 年在赫尔斯扬完成了首条商业化运行的 VSC - HVDC 工程。可关断器件换流的技术特点决定了其更适合应用于分布式发电并网、孤岛供电等领域。与交流输电相比，HVDC 技术具有无稳定性问题、输电效率高、调节快速可靠、节省输电走廊等优势。由于换流站设备造价昂贵，通常当输电距离大于 800km 时具有技术经济性优势，而目前由于缺少高压直流断路器和 DC/DC 变压器等因素，限制了多端直流输电及直流电网技术的发展。

无论从经济性还是技术性角度看，特高压电网（1000kV 交流±800kV 常规直流）都是解决我国长距离大容量电能输送的最佳方式之一。然而，在大规模新能源并网方面，由于新能源发电的间歇性，交流电网无法直接完成新能源的接纳，因此"强交强直"的特高压骨干电网结合区域性直流电网形成的互联电网将成为中国未来电网架构的基本形态。

（三）两端直流输电技术

1. 常规直流输电技术

基于线换相换流器（line commuted converter，LCC）的 HVDC 的研究始于 20 世纪 50 年代，到 80 年代时达到了一个高潮，关键技术逐渐成熟，应用于工程实践的 HVDC 项目电压等级不断提高。

由于晶闸管只具备触发开通功能，LCC系统传输的有功功率是通过调节触发角来控制的，大量的无功功率消耗在电力发送端的整流器以及电力接收端的逆变器上。这就需要在交流侧配置滤波器和电容器来补偿无功。特别在暂态条件下，无功功率的变化范围非常大。当潮流反转时，HVDC系统的极性需要反转。如果线路使用电缆，电缆电容在极性反转条件下的充放电问题将不可忽视。

LCC-HVDC技术目前已经相当成熟，已经投运的锦屏至苏南直流工程的最大容量为 7.2×10^{3}MW（800kV/4.5kA），更高电压等级的1100kV HVDC系统正在研制中。

2. 柔性直流输电技术

随着功率半导体器件技术的进步、大功率绝缘栅双极型晶体管（insulated gate bipolar transistor，IGBT）的出现及脉宽调制技术（pulse width modulation，PWM）和多电平控制技术的发展，自换相的电压源换流器（voltage source converter，VSC）技术的HVDC近10年得到了迅猛发展。与LCC-HVDC技术相比，VSC-HVDC技术具有无功有功可独立控制、无需滤波及无功补偿设备、可向无源负荷供电、潮流翻转时电压极性不改变等优势，见表2.1。因此VSC更适合于构建多端直流输电及直流电网。目前，VSC-HVDC一个终端的损耗约为1.6%，其中换流阀的损耗占其中的70%，现阶段已投运的VSC-HVDC工程最大容量为20kV/400MW，而320kV/1000MW的工程正处于建设阶段。目前，提升该技术输送容量的主要制约因素为交联聚乙烯电缆的电压等级限制。由于VSC换流阀的双向导电性，当直流侧发生故障时，短路电流交流部分可由交流断路器切断；但直流线路和直流侧支撑电容放电的短路电流将很难被阻断。为此两端VSC-HVDC系统通常使用电缆连接。

表2.1　LCC技术与VSC技术对比

比较项目	LCC技术	VSC技术
基本元件	晶闸管	IGBT
谐波分量	较强的低次谐波分量	较弱的高次谐波分量
无功/有功	消耗大量无功功率	完全独立控制
损耗/%	0.7	1.6
最高容量	7200MW（800kV，4.5kA）	>400～800MW（320kV）
与交流电网的连接方式	换流变压器	串联电抗器与变压器
潮流反转	电压极性反转	电流极性反转
直流侧故障控制	通过调整触发角控制	失控
直流侧电感	大	小
直流侧电容	小（使用电缆时较大）	大
短路电流上升率	小，可控	大

进入21世纪，VSC-HVDC技术随着新能源并网需求进入了快速发展阶段，各种新型拓扑结构、调制方式不断涌现；发展目标是使换流站总损耗小于1%，输送容量大于

1500MW，具有限制和切断直流侧故障电流的能力。

3. 混合直流输电技术

混合直流输电技术（hybrid HVDC）是常规直流输电和柔性直流输电的结合，即输电线路的一端是LCC，另一端是VSC。该技术不但可以保留柔性直流输电技术的绝大部分优势，而且可以优化工程造价。混合型高压直流输电对于海上电网相连来说具有很大优势。紧凑的电压源型换流器适用于海上平台并且可与电气孤岛相连。电流源型换流器端可以放置于对换流站体积要求不高的陆上，而且可接入陆上强电网。由于电压源型换流器电压极性固定，电流源型换流器电流流向固定，因此功率潮流不能直接反转。潮流反转时系统需要停运，并且一端的电压极性需要改变。现在一些电压源型换流器的拓扑结构可以直接改变电压极性，从而实现潮流反转。为了避免潮流反转，混合线路在规划的时候可以只考虑单向功率潮流。

（四）多端直流输电技术

多端直流输电（multi－terminal HVDC）是直流电网发展的初级阶段，是由3个以上换流站，通过串联、并联或混联方式连接起来的输电系统，能够实现多电源供电和多落点受电。并联式的换流站之间以同等级直流电压运行，功率分配通过改变各换流站的电流来实现；串联式的换流站之间以同等级直流电流运行，功率分配通过改变直流电压来实现；既有并联又有串联的混合式则增加了多端直流接线方式的灵活性。与串联式相比，并联式具有更小的线路损耗，更大的调节范围，更易实现的绝缘配合，更灵活的扩建方式以及突出的经济性，因此目前已运行的多端直流输电工程，均采用并联式接线方式。

多端直流输电的基本原理在20世纪60年代中期就被提出，但迄今仅有5个真正意义上的多端常规直流输电工程，见表2.2。其中前3项工程均已按多端直流方式运行；而加拿大纳尔逊河及美国太平洋联络线直流输电工程也具有了4端直流输电系统的特性。

由于多端直流系统的控制保护技术复杂、高压直流断路器制造困难以及潮流翻转需要改变电压极性等因素，导致目前投运的常规直流输电工程中绝大多数为两端直流输电系统。

表2.2　在运多端常规直流输电工程概况

序号	多端直流输电工程	投运时间	端数	运行电压/kV	额定功率/MW
1	意大利-科西嘉-撒丁岛	1987年	3	200	200
2	加拿大魁北克-新英格兰	1992年	5	±500	2250
3	日本新信浓	2000年	3	10.6	153
4	加拿大纳尔逊河	1985年	4	±500	3800
5	美国太平洋联络线	1989年	4	±500	3100

由于VSC－HVDC技术具有潮流翻转时不改变电压极性的特点，因此更适合于构成多端直流系统。随着可关断器件、直流电缆制造水平的不断提高，VSC－HVDC将在高压大容量电能输送方面成为多端直流输电及直流电网中最主要的输电方式。在建多端柔性直流输电工程概况见表2.3。

表 2.3 在建多端柔性直流输电工程概况

序号	多端直流输电工程	投运时间	端数	运行电压/kV	额定功率/MW
1	Super Station（美国）	2015 年	3	±345	750
2	South - West Southern（瑞典-挪威）	2016 年	3	±300	2×700
3	南澳风电场（中国）	2014 年	4	±160	200
4	舟山（中国）	2014 年	5	±200	1000

此外，美国正在规划建设一项多端混合直流输电工程——GBX 多端直流工程。工程输送距离为 750km，总容量为 3500MW，电压等级为 600kV；两端为 LCC 换流站，中间落点为 345kV VSC 换流站；工程旨在将美国西南电力联营的可再生能源传输至中西部区域电力市场和 PJM 公司的电力市场。

三、直流电网技术及其挑战

（一）直流电网概念

多端直流系统今后发展的可能是拓扑结构系统，这是多端高压直流输电系统的最简单实现形式，从交流系统引出多个换流站，通过多组点对点直流连接不同的交流系统，多端直流没有网格，没有冗余；由于它不能提供冗余，所以很难被称为网络。当拓扑中任何一个换流站或线路发生故障，则整条线路及连接在这条线路的两侧换流站将全部退出运行，可靠性较低。

如果将直流传输线在直流侧连接起来，形成“一点对多点”和“多点对一点”的形式，即可组成真正的直流电网，每个交流系统通过一个换流站与直流电网连接，换流站之间有多条直流线路通过直流断路器连接，当发生故障时，可通过断路器进行选择性切除线路或换流站。真正的直流电网具有如下特点：

（1）换流站的数量可以大大减少，只需要在每个与交流电网连接点设置一处，这不仅能显著降低建设成本，而且能够降低整体的传输损耗。

（2）每个换流站可以单独地传输（发送或接收）功率，并且可以在不影响其他换流站传送状态的情况下将自己的传输状态由发送/接收变为接收/发送。

（3）拥有更多的冗余，即使一条线路停运，依然可以利用其他线路保证送电可靠。

直流电网将是一个具有先进的能源管理系统的智能、稳定的交直流混合广域传输网络，在这个网络中，不同的客户端、现有的输电网络、微电网和不同的电源都可以得到有效的管理、优化、监控、控制，对任何电力问题都可以进行及时的响应。它能够整合多个电源，并以最小的损耗和最大的效率在数千公里的范围内对电能进行传输和分配。

（二）直流电网发展阶段

直流电网是在点对点直流输电和多端直流输电基础上发展起来的。概括起来，直流电网的发展经历了三个阶段。

第 1 阶段如图 2.1（a）所示，是一个简单的多端系统，可以描述为带若干分支的直流母线。作为最简单的多端直流输电系统，其本身没有网格结构和冗余，并不是一个真正意义上的“电网”，因为该阶段拓扑里没有冗余。这种拓扑结构通常是作为交流的备用，或连接 2 个非同步的交流系统。

第 2 阶段的拓扑结构如图 2.1（b）所示，已经初步具备直流输电网络雏形，其中所有的母线均为交流母线，传统的输电线路被连接在 2 个换流站之间的直流线路所取代。在此拓扑中，所有的直流线路完全可控。可能包含了 VSC 和 LCC 两种输电方式，不同直流线路可能工作在不同的电压等级下，需要更加复杂的潮流控制来维持频率稳定。该阶段最主要的问题是需要大量的换流站。正常的大电网，按照惯例支路的数量一般是节点数量的 1.5 倍，这就要求换流站数量为 $2\times1.5\times n$（n 为直流节点）。若使用第 3 阶段拓扑结构，则换流站数量与直流节点数相同。这一点很重要，因为换流站在直流电网中是最昂贵的、最灵敏的、损耗最多的部件。

第 3 阶段拓扑结构如图 2.1（c）所示，此时的拓扑是一个独立的网络，与第 2 阶段相比，并不是每条直流线路的两端都有换流站，只是通过换流站将直流电网与交流电网融合在一起。在独立的直流电网中，各条直流线路可以自由连接，可以互相作为冗余使用，而不是仅仅作为异步交流电网的连接设备。此外，第 3 阶段可以大大减少换流站的数量，经济意义重大。所以作为真正的直流电网，图 2.1（c）的拓扑是未来的发展趋势。

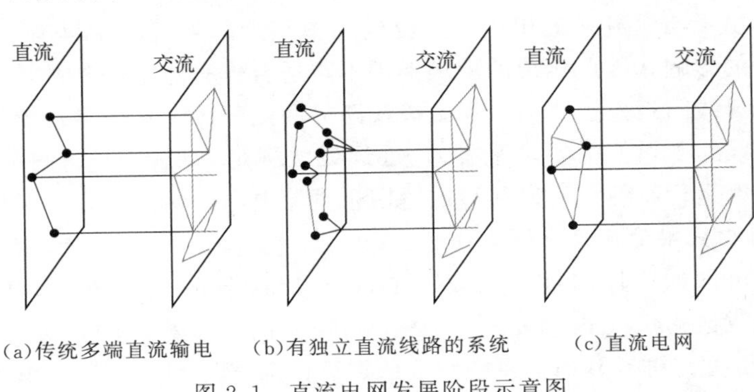

图 2.1　直流电网发展阶段示意图

（三）直流电网技术的挑战

虽然目前点对点直流输电技术及工程均已相对成熟，但构建未来直流电网面临许多挑战，需重点从以下几个方面进行突破。

1. 直流电网仿真技术

直流电网的仿真同样包括离线仿真技术和实时仿真技术。离线仿真技术是在计算机上为直流电网建立数学模型，通过数学方法求解，以进行仿真研究。对直流电网进行离线仿真，首先要建立电网的数学模型，由于直流电网与交流电网在拓扑结构、运行原理上存在本质的区别，因此必须重新建立用于直流电网仿真的数学模型。此外，直流电网中的惯性环节较少，因此直流电网的响应时间常数较之交流电网要小至少 2 个数量级，系统仿真主要为电磁暂态仿真，仿真步长较小，对资源要求较高。目前的离线仿真系统无法满足直流电网仿真的需求。

全数字实时仿真是国际上仿真研究的发展趋势，但由于直流电网拓扑结构相对复杂，其潮流分布与协调控制也更加复杂，对直流电网进行系统仿真，特别是直流换相特性和控制保护系统的准确模拟，对仿真技术的节点要求较高，因此，对于包含 IGBT、晶闸管等大功率电力电子器件在内的直流电网进行快速电磁暂态过程的模拟，目前的数字仿真的精度无法满足直流电网系统仿真的要求。为此，无论是对于直流电网的离线仿真还是实时仿真，都需要在提高仿真平台资源的基础上，重新研究适用于直流电网的仿真建模方法。

2. 直流电网控制技术

正如电网频率是交流系统中有功功率平衡的重要指标一样，直流网络中的功率平衡指标便是直流电压。当直流网络功率过剩时，直流电压便会升高；反之，直流电压便会下降。在直流电网中，控制整个网络的直流电压保持稳定是系统正常运行的前提。随着直流电网控制对象的改变，其运行控制方法与传统交流系统存在本质的差别。同时，如前所述，由于直流电网的响应时间常数较之交流电网要小至少 2 个数量级，这对直流电网的控制系统将是个极其严酷的挑战。

3. 直流电网保护技术

由于直流电网对于保护系统的响应时间要求很高，因此传统的交流系统保护，如过电流保护、距离保护和差动保护等，均不适宜直接应用于直流电网。例如，过电流保护是当电流超过一定的临界值时执行相应保护动作（如令断路器跳闸）的一种措施保护，它简单而没有选择性。由于与交流系统相比，直流电网中复杂的阻抗测量具有根本不同的特性，尤其是故障电阻的影响，因此传统的距离保护不再适合作直流电网的故障保护。对于差动保护，如果直流母线附近发生故障，那么该线路另一侧的故障在一定的延迟之后才会被测量到（在更长的线路上可能需要几毫秒），远远无法满足直流电网快速保护的需求。因此需要根据直流电网运行特性，研究新型的适用于直流电网的保护原理和保护方法。

4. 直流电网广域测量及故障检测技术

应用于交流电网的广域测量系统（wide area measurement system，WAMS）是由基于全球定位系统（global positioning system，GPS）的同步相量测量装置（phasor measurement unit，PMU）群及其通信系统组成的，可以动态地测量和计算电力系统的运行状态向量和发电机功角，同时还广泛地应用在电力系统稳态及动态分析与控制的许多领域。与之类似，直流电网大范围的统一协调控制和保护、状态估计、电压稳定性分析、故障检测和处理等方面都需要采用适用于直流系统的广域测量技术。但由于直流电网中电压和电流不存在上升沿的过零点和下降沿的过零点，因此交流电网的 PMU 及其算法等都无法应用在直流电网中。

同样由于直流电网的响应时间问题，直流电网的故障检测技术需要在传统检测技术上缩短检测时间，提高响应速度。其中部分关键设备的故障检测需要一改传统技术“故障信息采集—故障信息上报—故障信息处理—下发故障处理命令—故障处理”的步骤，采用就地故障信息处理和故障处理的功能，而这些都需要建立在快速、准确的故障检测技术的基础之上。

5. 直流电网安全可靠性评估技术

为防止直流电网发生重大事故引起大面积停电造成经济损失，直流电网与交流系统同样在规划、设计和运行 3 个阶段面临着安全可靠性评估的问题。目前交流发输电系统和 LCC - HVDC 本身的可靠性评估的研究相对成熟，但对于 VSC - HVDC 和包含不同输电方式及直流电网关键设备在内的直流电网的可靠性评估技术尚在起步阶段。VSC - HVDC 元件多，控制系统复杂、故障耐受能力较差，在对其进行可靠性评估时，不但要重新建立

评估模型和评估方法，可靠性指标同时要做较大的调整。目前直流电网的关键设备，如直流断路器、DC/DC变压器等，尚无工业产品，设备的评估模型、评估方法及可靠性指标均需重新制定。

6. 直流电网标准化

与交流系统一样，直流电网的运行同样也需要大量的标准；同时，一旦形成网络，直流电网的运行标准与传统点对点的直流输电标准存在较大的差异，见表2.4。

表2.4　　直流电网与传统点对点直流输电标准的差异

序号	类　别	点对点	直流电网
1	功率	需要	需要
2	电压	不需要	需要
3	电流	不需要	不需要
4	交流电网短路容量	需要	需要
5	功率控制	不需要	需要
6	直流架空线/电缆故障保护时间	不需要	需要
7	直流断路器动作时间	不需要	需要
8	直流断路器开断电源	不需要	需要
9	通信规约及信号	需要	需要

最迫切需要制定的是电压等级的标准。与交流系统一样，多标准电压等级需要定义。一旦一个电压等级选定，整个系统都按照此电压设定。其次是能够接入直流系统中的设备标准化，包括直流断路器、DC/DC变压器等，同时还包括换流器的标准化，因为目前换流器的制造厂商很多，不同的制造商之间的换流器必须能够连接并可靠运行，同时各厂商换流器独立的控制功能不能消极地影响彼此，甚至应该以一种积极的方式联合运行。如果不同的换流器控制速度明显不同，则换流器在系统故障时的运行特性可能会对系统的运行产生严重的影响，因此换流器的独立控制级传输协议、通信规约等必须遵照某些标准。

7. 直流电网关键设备研制

主要包括高压直流断路器、大容量DC/DC变压器和高压直流电缆等。

(1) 高压直流断路器。与直流转换开关只能开断正常运行电流不同的是，直流断路器具有故障电流的切断能力。目前常用的高压直流断路器共有3种电流开断方式，分别是基于常规开关的机械式断路器、基于纯电力电子器件的固态断路器和基于二者结合的混合式断路器。目前的机械式高压直流断路器，能够在数十毫秒内切断短路电流，这种故障电流的切断速度尚不能满足直流电网的要求。固态断路器可以很容易地克服开断速度的限制，但在稳态运行时会产生大量损耗。混合式断路器兼具机械式断路器良好的静态特性以及固态断路器无弧快速分断的动态特性，具有运行损耗低、分断时间短、使用寿命长、可靠性高和稳定性好等优点，但对于快速开关的制造要求很高。

除了上述直接开断短路电流的方式之外，还可以考虑增加限流器配合断路器开关电流的方式。对于需要熄弧的机械开关，电流越大，熄弧越困难；而对于无需熄弧的电力电子器件，关断大电流会引起器件的动态过压，电流幅值越大，过压越高。因此在回路中增加限制短路电流峰值的环节，正常运行时保持低阻态，在发生故障时电阻增加，将短路电流限制在某一较低的值，再将较低的电流开断，这就大大降低了开断电流部分的制造难度，同时可以提高开断容量。

此外在研发过程中，断路器或其独立的组成部分必须接受功能测试，而对于高压直流断路器，直接进行试验是不现实的，必须采用合成试验的方法。但与交流断路器相比，直流断路器与系统有着强烈的相互作用，断路器的试验应力必须能够真实反映实际的功率水平。传统开关的试验方法和试验回路并不适用于直流断路器的整机型式试验，因此适用于高压直流断路器的等效试验方法和新型合成试验回路也是直流断路器研究的方向之一。

目前大型跨国公司（如 ABB 和阿尔斯通等）均已开展相关的研究，分别完成了 320kV/2.6kA/16kA（电压等级/正常运行电流/最大开断电流，下同）和 120kV/1.5kA/7.5kA 高压直流断路器样机的研制。

（2）大容量 DC/DC 变压器。由于目前直流电网尚无统一的电压标准，因此各种电压等级的直流线路很多，如果将这些不同电压等级的直流电路连接起来形成网络，并充分提高直流电网的运行灵活性，大容量 DC/DC 变压器是必不可少的设备。大容量 DC/DC 变压器到目前为止并没有在直流传输领域应用，但在未来的直流电网中将会有很多的应用。在理想情况下，大容量 DC/DC 变压器需要实现以下功能：变比较高、可控，变比呈阶梯形，用以连接不同电压等级的直流系统；可连接不同类型的换流器；直流系统极间功率平衡；潮流方向双向可控；低损耗、低造价、体积小；具有一定的故障电流耐受能力。

目前大容量 DC/DC 变压器的研究处于电路拓扑、仿真计算、原理样机阶段，尚无工业样机的报道；采用的变压技术主要有 2 种，分别是高频变器和电力电子器件变压器。

ABB 公司分别基于晶闸管和 IGBT 研制了 DC/DC 变压器的原理样机，最大参数分别为 4/80kV－5MW（输入电压/输出电压－容量等级，下同）和 2/40kV－3MW。

（3）高压直流电缆。高压直流电缆作为直流输电中重要的传输介质，是限制高压直流输电输送容量提升的另一个瓶颈。交流电缆绝缘层中的电场分布与介电常数成反比分配，并且介电常数受温度的影响较小，绝缘中也不会产生空间电荷；然而对于直流电缆，电场分布与材料的电阻率成正比分配，并且绝缘电阻率一般随温度呈指数变化，将在电缆的绝缘中形成空间电荷，从而影响电场分布，聚合物绝缘有大量的局部态，空间电荷效应比较严重，因此，可以认为减少和消除绝缘材料中的空间电荷是研制直流电缆的关键。此外对于常规直流输电而言，改变潮流方向需要改变电压极性，此时的极性叠加会使直流电缆上的电压高达 2.5 倍输送电压，极易击穿电缆。

目前工业用最高电压等级为 320kV；500kV 的高压电缆正在进行相关试验。可以预见，未来 5 年，绕包式和挤压式直流电缆的电压和容量等级将分别提升至 600kV/2.4GW 和 600V/2GW；而在未来 10 年左右的时间内，直流电缆的电压和容量等级将会达到 750kV/3GW。直流电网的市场需求将是直流电缆技术发展的原动力。

四、本节小结

（1）特高压交直流输电技术是解决中国远距离大容量电能输送问题的有效手段，但对于解决中国区域性新能源并网和消纳问题，多端直流输电和直流电网技术将是有效的技术

手段。

（2）多端直流输电是直流电网发展的一个阶段，能够实现多电源供电和多落点受电。将直流传输线在直流侧互相连接起来，即可组成真正的直流电网。其具有换流站数量大大减少、换流站可以单独传输功率、可灵活切换传输状态和高可靠性的优势。

（3）VSC－HVDC存在潮流翻转时电压极性不改变的技术优势，因此随着可关断器件、直流电缆制造水平的不断提高，VSC－HVDC将在高压大容量电能输送方面成为直流电网中最主要的输电方式。

（4）构建未来直流电网需要解决的关键技术问题包括系统仿真、控制和保护技术、快速故障检测技术、安全可靠性评估方法、标准化和包括高压直流断路器及DC/DC变压器等在内的关键设备研制等。

（5）直流电网关键技术与交流电网的相应技术存在一定的共同之处，但二者存在本质上的差别。这主要是由于直流电网中的惯性环节较少，其响应时间常数较之交流电网要小至少2个数量级。这些关键技术无法参照和沿用交流电网的相关技术，需重新研究。

（6）未来的10年左右将是直流电网技术和建设快速发展的阶段，最终强交强直的互联电网将成为中国电网架构的基本形态。

第五节　复杂电力电子系统通信网络技术

一、概述

随着电力电子技术不断地发展和进步，基于多个标准模块单元组合或多相多电平拓扑的复杂电力电子系统得到越来越广泛的开发和应用。为实现复杂电力电子系统内部各模块之间的通信，国内外已经展开大量针对复杂电力电子系统通信网络的研究。复杂电力电子系统通信网络效能评估作为分析判断所提方案优劣的一种手段，能够从可选范围中遴选出最佳方案，减少反复工作量，缩短设计周期，为项目最终定型提供可靠科学的依据有着重要的意义。

为对复杂电力电子系统通信网络效能进行评估，需要制定复杂电力电子系统通信网络效能评估指标体系。在借鉴电力系统网络和计算机网络等领域评估指标体系的基础上，结合复杂电力电子系统通信网络的功能和特点，提出了复杂电力电子系统通信网络效能评估指标体系，对评估指标进行物理定义，并从有效性、可靠性两个方面分析了评估指标体系的正确性。

二、复杂电力电子系统通信网络的功能和特点

目前，电力电子装置已经具备了数据传输、信息监测、远程控制等功能，但复杂电力电子系统是由大量互连电力电子装置构成的，必须通过建立合理的通信网络，才能实现复杂电力电子系统能量和数据信息集成一体化。复杂电力电子系统通信网络将独立的电力电子装置视为网络节点，各节点通过通信网络连接起来，实时收集各电力电子装置的状态和数据，控制器处理后实时发送控制指令，从而对电力电子装置进行协调控制，实现能量流动和信息的传输，达到节能和提高用电质量的目的。

随着计算机技术的快速发展，数字控制技术开始在现在电力电子装置中大规模推广应用，无论是对装置控制器内部信息的实时监控调试，还是远程查看和管理装置运行状态，都需要通过通信来完成。按照应用需求划分，复杂电力电子系统通信网络所实现的功能可以分为系统监控、协调控制和实时控制。

系统监控是在复杂电力电子系统中一项常用功能，这类通信方式以完成检测功能为主、控制功能为辅，通常只是为了查看装置内部信息，便于人工操作施加控制。协调控制是一种介于系统监控和实时控制之间的控制方式，是一个系统内部各个控制器之间彼此共享部分状态信息以便于提高控制性能的控制方式，最常见的例子是 2 台并联运行的装置彼此共享功率信息，以实现各台装置功率均分，彼此知道对方是否出现了运行故障，也便于多台装置实现协调动作，共同完成整个系统电能变换的功能。实时控制是对通信速率要求最高的通信方式，是电力电子装置内部应用控制器和底层控制器之间实现高速通信的控制方式。

这种用于电力电子系统实时控制的通信方式是随着微电子技术和通信技术的发展较晚才出现的，最早由美国电力电子应用中心为了实现 PEBB 项目提出，并应用在电力电子装置中实现控制器之间的高速通信。其中，应用控制器负责计算和应用控制，底层控制器负责采样、驱动和保护。

复杂电力电子系统通信网络作为一种专用通信网络，为满足复杂电力电子系统特殊的用途和要求，还具有以下特点。①具有复杂的拓扑结构。复杂电力电子系统大多采用分布式控制，电力电子装置布局分散且结构复杂，采用由星形网络、总线形网络、环形网络等基本网络组成的混合拓扑结构。实际网络拓扑结构往往需要根据复杂电力电子系统的供电性能、建设成本、装配要求等因素综合考虑选取。②包含多种通信协议。目前，还没有任何一种单一的通信协议能够在功能或者性价比上，全面地满足各种规模电力电子系统通信网络的需要，往往需要多种通信协议混合使用。③需要满足不同控制层的通信时间尺度。参照计算机网络中已经得到广泛应用的 TCP/IP 体系结构，复杂电力电子系统网络可以划分成系统控制层、应用控制层、电力电子变换器控制层、开关控制层、硬件控制层，是一个由多层结构组成的复杂系统，各个控制层的理想通信时间尺度见表 2.5。④会受到电磁干扰和谐波的影响。由于电力电子装置采用高频斩波技术，较高的 dv/dt、di/dt 会对复杂电力电子系统造成明显的电磁干扰和谐波污染，对通信质量造成较大的影响。在实际工程中，一般采用 EMC 和软开关技术来减小对通信质量造成的影响。

表 2.5　复杂电力电子系统各个控制层的理想通信时间尺度

控　制　层	理想通信时间尺度	控　制　层	理想通信时间尺度
系统控制层	1ms～1s	开关控制层	1～1μs
应用控制层	1ms～1s	硬件控制层	0.1～1μs
电力电子变换器控制层	1μs～1ms		

三、评估指标体系

（一）评估指标体系构建

用户判断复杂电力电子系统通信网络效能的依据是该方案实际功能的完成能力，基于

复杂电力电子系统通信网络的功能和特点，设计复杂电力电子系统通信网络效能评估指标体系将更有现实意义。

对于复杂电力电子系统通信网络效能评估指标体系的构建，一方面采用划分层次的设计理念，另一方面力求突出复杂电力电子系统通信网络的功能和特点，从通信网络实现设计目标的能力出发，考虑通信网络能够实现目标功能和体现作用的能力，对评估指标进行划分并提出复杂电力电子系统通信网络效能评估指标体系，如图 2.2 所示。复杂电力电子系统通信网络效能评估指标体系为两层结构，分别为性能层和参数层。性能层评估指标从通信网络实现的性能出发，考虑通信网络能够实现的效果，属于复杂电力电子系统通信网络设计过程中网络平台搭建人员最为关注的；参数层评估指标从通信网络的具体参数出发，考虑通信网络的具体通信能力，属于复杂电力电子系统通信网络设计过程中底层模块设计制造人员最为关注的。

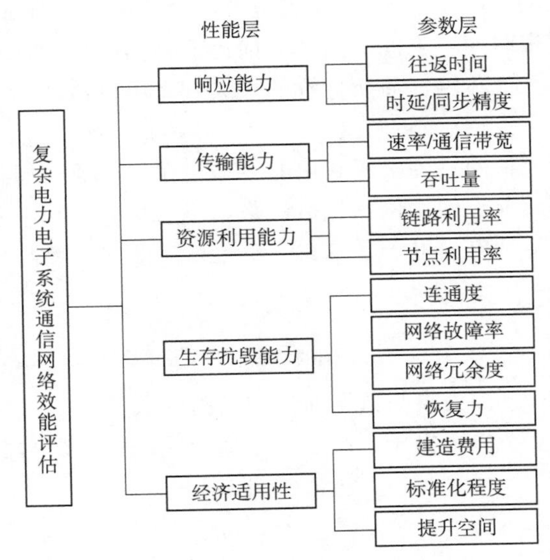

图 2.2　复杂电力电子系统通信网络效能评估指标体系

（二）评估指标定义

1. 响应能力

复杂电力电子系统通信网络的响应能力指的是，对通信网络从接受信息开始到处理信息结束过程，反应速度的描述，包含往返时间、时延和同步精度 3 个二级指标。

（1）往返时间：从发送方发送数据开始，到发送方收到来自接收方的确认（接收方收到数据后便立即发送确认），总共经历的时间。在网络中，往返时间一般是由各个节点处的时延累计产生的，与节点数目和单个节点处的时延有关。

（2）时延：数据（一个报文或分组，甚至比特）从网络或者链路的一端传送到另一端所需的时间。时延是个很重要的性能指标，它有时也称为延迟或者迟延，其通常为发送延时、传播时延、处理时延、排队时延之和。

（3）同步精度：用来描述复杂电力电子系统中各模块间，因时延而造成的滞后动作程度。模块间的时延越小，同步精度越高，在评估过程中往往认为时延的意义等价于同步精度。

2. 传输能力

复杂电力电子系统通信网络的传输能力指的是，网络按照某种规定的传输协议，在一系列传输媒介上进行通信的能力，包含速率、通信带宽和吞吐量3个二级指标。

（1）速率：对每秒通过信道可传输数字信息量的度量。数据传输速率在数值上等于每秒钟传输构成数据代码的位数，单位为bit/s，其表达式为

$$S=\frac{1}{T}\log_2 N \tag{2-1}$$

式中：S为数据传输速率；T为信号发送周期，s；N为信号所有可能的状态数，为2的正幂数。

（2）通信带宽：在给定时间等条件下流过特定区域的最大数据位数，代表数据传输的最大传输速率。在复杂电力电子系统中，“带宽”与“速率”几乎成了同义词。

（3）吞吐量：在规定时间、空间、路径等前提下，网络传输数据时的实际带宽。由于多方面原因，吞吐量往往比传输介质所标称的最大带宽小得多。

3. 资源利用能力

复杂电力电子系统通信网络的资源利用能力是指在一个通信周期内，参与数据通信的链路或节点占全部链路或节点的比例，包括链路利用率和节点利用率。

（1）链路利用率：复杂电力电子系统在一个通信周期内，参与数据通信的链路的数量占全部链路的数量之比：

$$\eta_{\text{link}}=\frac{n'_{\text{link}}}{n_{\text{link}}} \tag{2-2}$$

式中：η_{link}为链路利用率；n'_{link}为参与数据通信的链路的数量；n_{link}为网络全部链路的数量。

（2）节点利用率：复杂电力电子系统在一个通信周期内，参与数据通信的节点占全部节点的比例：

$$\eta_{\text{node}}=\frac{n'_{\text{node}}}{n_{\text{node}}} \tag{2-3}$$

式中：η_{node}为节点利用率；n'_{node}为参与数据通信的节点的数量；n_{node}为网络全部节点的数量。

4. 生存抗毁能力

复杂电力电子系统通信网络的生存抗毁能力是指系统能够保证正常运行以及在遭受打击后进行恢复的能力，包含连通度、网络故障率、网络冗余度和恢复力等二级指标。

（1）连通度：点（边）连通度最早被作为用来刻画网络抗毁性的测度指标，被定义为使得图变成不连通或平凡图所去掉的最少节点（边）数。换句话说，一个具有n_0个节点的网络，在去掉任意$k-1$个节点后所得的子图仍然连通，而去掉k个节点后的图不连通，则称该图是k连通的，k称为该图的连通度，其中$1\leqslant k\leqslant n_{0-1}$。

（2）网络故障率：单个节点失效造成整个复杂电力电子系统通信失效的概率，可以直接反映复杂电力电子系统的连续工作能力。网络故障率计算方法的核心思想通过搜索主节点到从节点的全部通信路径，计算各支路的平均故障率，通过搜索因支路出现故障造成通信故障的关键支路集，从而计算整个复杂电力电子系统通信网络的故障率。

（3）网络冗余度：网络在出现故障时通过备份来实现网络正常运行，确保网络功能畅

通的能力，简单地说，冗余量就是从安全角度出发而考虑设置的多余量，以备出现故障时使用。

（4）恢复力：在网络出现安全故障时表现为网络的故障恢复能力。它包括网络的安全故障诊断能力、网络的安全自我恢复和安全故障恢复能力，故障恢复时间和故障恢复程度。可以采用保护方式、更改维护策略、路由算法等方法来提高网络的恢复能力。

5. 经济适用性

复杂电力电子系统通信网络的经济适用性指的是，在满足复杂电力电子系统通信网络设计功能正常使用同时，将所耗费资源降到最低的能力，包括建造费用、标准化程度和提升空间3个二级指标。

（1）建造费用：复杂电力电子系统通信网络的价格包括设计和实现的费用，是必须考虑的，因为通信网络的性能与其价格密切相关。通信网络为获得越高的性能、越快的速率，其价格也必然越高。因此，在工程实践中要结合实际需要进行合理的取舍，不能刻意追求高性能而忽视经济效益。

（2）标准化程度：复杂电力电子系统采用“模块化”设计思路，需要遵循特定的通信网络设计标准，最好采用通用的国际设计标准。采用标准化设计不仅可以得到更好的互操作性，易于升级换代和维修，也更便于得到技术支持，从而降低研发成本。

（3）提升空间：在“工业4.0”大背景下，复杂电力电子系统进入高速发展时期，因此在通信网络设计之初就应该考虑到今后的规模扩大和性能升级。若没有强大的可拓展性和可升级性支撑，重新设计、制造更新的通信网络将会使费用大增，从而造成资源的浪费。通信网络的性能越高，其拓展、升级费用往往也更高，难度也会相应增加。

（三）有效性和可靠性分析

从有效性、可靠性两个方面分析复杂电力电子系统通信网络效能评估指标体系正确性。

1. 有效性分析

复杂电力电子系统通信网络效能评估指标系，应保证评估指标体系和其中每个评估指标都能够对评估对象进行真实反映。借鉴统计学中的效度系数，分析所提复杂电力电子系统通信网络效能评估指标体系的有效性。效度系数是一个能够衡量评估认识偏离程度的量，能够分析评估指标或者评估指标体系的有效性。其效度系数绝对值越小，说明评估专家采用该评估指标体系对目标进行评估时，对该目标的认识越趋于一致，该评估指标体系的有效性越高，越能够真实反映评估对象的真实情况，反之亦然。假设评估指标体系为：$F=\{f_1, f_2, \cdots, f_n\}$，$F$中包含$n$个评估指标。参加评估的专家人数为$S$，某位专家$j$对评估目标的评估分数集为$X_j=\{x_{1j}, x_{2j}, \cdots, x_{nj}\}$，定义第$i$个评估指标的效度系数为$\alpha_i$，则有：

$$\alpha_i=\sum_{j=1}^{S}\frac{|\bar{x}_i-x_{ij}|}{SM} \tag{2-4}$$

式中：M为第i个评估指标f_i的评分最优值；$\bar{x}_i$为第i个评估指标f_i的评分平均值。

$$\bar{x}_i=\sum_{j=1}^{S}\frac{x_{ij}}{S} \tag{2-5}$$

定义评估指标体系 $F=\{f_1, f_2, \cdots, f_n\}$ 的效度系数为 α，即有：

$$\alpha = \sum_{i=1}^{n} \frac{\alpha_i}{n} \tag{2-6}$$

8位专家采用“3分制”评分法进行评分得到的评分结果见表2.6，计算得出 $\alpha_1=0.166$，$\alpha_2=0$，$\alpha_3=0.156$，$\alpha_4=0.125$，$\alpha_5=0.25$，$\alpha_6=0.234$，$\alpha_7=0.125$，$\alpha_8=0.073$，$\alpha_9=0.083$，$\alpha_{10}=0.125$，$\alpha_{11}=0.187$，$\alpha_{12}=0.187$，$\alpha_{13}=0.234$，$\alpha=0.150$。按照统计学中的定义，当效度系数 $\alpha \in (0.05, 0.20)$ 时，可认为所研究的对象可靠性较高。其中 $\alpha=0.150 \in (0.05, 0.20)$，因此，可以认为前面提及的评估指标有效性较高。

表2.6　　评估指标体系评分表

评估指标	x_{i1}	x_{i2}	x_{i3}	x_{i4}	x_{i5}	x_{i6}	x_{i7}	x_{i8}	$\bar{x}_i$	$E\mid \bar{x}_i - x_{ij} \mid$	α_i
往返时间	2	3	2	3	3	2	3	2	2.5	0.5	0.166
时延/同步精度	3	3	3	3	3	3	3	3	3	0	0
速率/通信带宽	2	3	3	3	2	3	2	3	2.625	0.468	0.156
吞吐量	2	3	2	3	2	2	2	2	2.250	0.375	0.125
链路利用率	1	2	2	2	1	1	1	2	1.5	0.5	0.25
节点利用率	1	2	2	2	2	1	1	2	1.625	0.468	0.234
连通度	2	2	2	2	3	2	2	3	2.25	0.375	0.125
网络故障率	3	3	3	3	3	2	3	3	2.875	0.218	0.073
网络冗余度	2	2	2	2	2	2	3	1	2	0.25	0.083
恢复力	2	3	2	2	2	2	3	2	2.25	0.375	0.125
建造费用	1	2	1	1	1	2	1	1	1.25	0.375	0.187
标准化程度	1	2	2	2	2	2	2	1	1.75	0.375	0.187
提升空间	1	2	1	1	1	1	2	1	1.375	0.468	0.234

2. 可靠性分析

复杂电力电子系统通信网络效能评估指标体系不仅需要具有有效性，真实反映评估对象，还应该保证不同评估专家主观认识上的差异最小化。借鉴统计学中的相关系数分析复杂电力电子系统通信网络效能评估指标体系的可靠性。相关系数作为一个反映不同量间相关关系密切程度的统计指标，能够反映不同评估专家采用某一评估指标体系进行评估时评估结论的差异，即分析评估结论的可靠性。

其相关系数越大，说明评估专家评估结论的差异小，该评估指标体系可靠性高，反之亦然。假设 $x_i=y_i$，则评估专家评分平均数据组为 $Y=\{y_1, y_2, \cdots, y_i, \cdots, y_n\}$，其中 y_i 为第 i 个评估指标 f_i 的评分平均值，表示为

$$y_i = \sum_{j=i}^{S} \frac{x_i}{S} \tag{2-7}$$

定义评估专家 j 对评估目标各评估指标评分的相关系数为 β_j，其表达式为

$$\beta_j = \frac{\sum_{i=1}^{n}(x_{ij}-\bar{x}_j)(y_i-\bar{y})}{\sqrt{\sum_{i=1}^{n}(x_{ij}-\bar{x}_j)^2 \sum_{i=1}^{n}(y_i-\bar{y})^2}} \tag{2-8}$$

式中：$\overline{x}_j$ 为评估专家 j 对评估目标各评估指标评分的平均值；$\overline{y}$ 为评估专家评分平均数据组 $Y=\{y_1, y_2, \cdots, y_i, \cdots, y_n\}$ 中各元素的平均值。求和表达式为

$$\overline{x}_j=\sum_{i=1}^{n}\frac{x_{ij}}{n}$$

$$\overline{y}=\sum_{i=1}^{n}\frac{y_i}{n} \tag{2-9}$$

定义专家对评估指标体系 $F=\{f_1, f_2, \cdots, f_n\}$ 各评估指标评分的相关系数为 β，其表达式为

$$\beta=\sum_{i=1}^{S}\frac{\beta_i}{S} \tag{2-10}$$

按照统计学中的定义，当相关系数 $\beta\in(0.80, 0.95)$ 时，可认为所研究的对象可靠性较高。计算得出 $\beta_1=0.9427$，$\beta_2=0.8257$，$\beta_3=0.8646$，$\beta_4=0.8766$，$\beta_5=0.8497$，$\beta_6=0.6346$，$\beta_7=0.7428$，$\beta_8=0.7853$，$\beta=0.8152$。所选的系统中各个评估指标相关系数 $\beta=0.8152\in(0.80, 0.95)$，因此，可以认为该评估指标可靠性较高。

从有效性和可靠性的计算结果可见，评估指标体系效度系数和相关系数满足统计学要求。通过有效性、可靠性两方面的分析，所建的各个评估指标体系可以作为复杂电力电子系统通信网络效能评估研究指标体系。

四、本节小结

通信技术在复杂电力电子系统中的广泛应用不但带来了性能上的提升，还形成了能量和信息的集成一体化，针对复杂电力电子系统通信网络效能评估开展研究，具有较大的工程意义。复杂电力电子系统通信网络效能评估指标体系，在一定程度上解决了评估指标体系缺失和其评估指标不统一、不规范的问题，为提出复杂电力电子系统通信网络效能评估方法提供基础。要实现复杂电力电子系统通信网络效能评估还面临着许多挑战，但它作为能够根据需求选择通信网络的有效方法，在未来复杂电力电子系统设计中将起到十分重要的作用。

第六节　虚拟现实技术在电力安全培训中的应用

一、虚拟现实技术

（一）虚拟现实概念及特点

信息科学技术的高速发展大大改变了人类的生活方式、学习模式。通过计算机技术、多媒体技术、网络技术等技术的融合，人们能够在计算机中建立一个生动形象的虚拟世界。这个虚拟世界可以定义为："由计算机产生的、三维的、存在于计算机中的虚拟世界。"这个世界可以分为两种类型：第一种是对真实世界的完全或部分的仿真再现；第二种是凭借人类的构想而生产出来的世界。无论是哪种情况这个虚拟世界都可以说是不存在的，是人们通过各种技术的融合创作出来的，但这个世界让人们感觉如同处在真实的世界一样，从而为人类体验、探索和认识真实空间提供了有效的途径。

一般把这种创造虚拟世界的技术叫做虚拟现实技术，又称为"灵境技术"，它最早是由 VR 公司的创始人 Jaron Lanier 提出的。虚拟现实系统通常具有三个最显著的特征：沉浸性、交互性、想象性。凭借这三大特性，用户可以完成虚拟世界中的漫游，将得到的感官信息经过自己的分析与思考，通过输入界面反馈给系统，完成想要的动作或策略，实现与系统的互动功能。

（1）沉浸性。沉浸性是指使用者凭借交互设备和自身的感官能力，实现在虚拟世界中的完全投入。在系统中，使用者将凭借着自身的视觉、听觉、触觉、嗅觉等作用来全方位的感受虚拟世界，并与这个虚拟世界进行各种相互作用。使用者好像在现实世界中一样，并能够完全沉浸其中。

（2）交互性。交互性是指使用者通过输出输入设备，在虚拟世界中探索、操作，并得到反馈的逼真程度。这个虚拟世界不是一个静态的世界，也不是简单的单向运动的世界，而是一个开放的动态的世界。使用者通过输入设备进行各种操作，虚拟世界就应该给出一个合理的反馈。交互性强调的是人与虚拟现实系统的交互是一种接近自然的交互。

（3）想象性。想象性是指虚拟现实技术对人脑中抽象概念的具体表现程度。虚拟现实作为一套系统广泛地应用于医学、工程、电影等领域，它能以最直观的方式表达设计者的思想。比如一座大厦建设前需要进行构思，可是文本的表达、图纸的绘画，表现得并不直观、形象。通过虚拟现实技术来对设计者的构思进行描述则更加真实生动。

典型的虚拟现实系统包括以下几个大类：

（1）计算机。这是虚拟现实系统的核心部件。

（2）输入输出设备。虚拟现实要实现交互性，就需要一定的设备识别用户的输入，并由设备输出反馈信息。

（3）应用软件。系统的管理、模型的建立、声音的处理、系统场景的设计、项目方案的设计、数据库的建立与管理，这些都离不开相应软件的支持。

（4）数据库。虚拟现实系统的数据库用于存放虚拟世界中模型各个方面的信息。

（二）虚拟现实技术在国外的研究现状

目前虚拟现实技术在国外发展迅速，受到了人们极大的重视。美国一家杂志社评选的影响未来的十大科学技术，虚拟现实技术就名列前茅。虚拟现实技术在国外最初运用于军事领域，目前在医学、娱乐业、工业等领域都有了长足的发展。

1. 美国

美国可以说是虚拟现实技术的发源地。美国的虚拟现实技术发展水平代表着国际上虚拟现实技术的先进水平。从 20 世纪末，美国就开始将虚拟现实技术引入到军事领域。1992 年美国开始了对电力系统虚拟数据库方面的研究。美国宇航局的 Ames 实验室将数据手套工程化，使其具有了较高的实用性，并在外太空的空间站中完成了实时的仿真操作。对哈勃太空望远镜进行仿真，完成了虚拟行星的试验计划。现在美国国家航空航天局建立了航空、卫星发射与维护的虚拟现实仿真训练系统、空间站虚拟仿真系统。美国的是研究人工智能、机械人、计算机图形学的先驱机构，其下属的林肯实验室在海军科研机构的资助下研制出了世界上第一个头盔显示器。美国国防先进研究项目局为坦克的编队作战训练开发了一套虚拟战场系统。北卡罗来纳大学主要研究航空驾驶、仿真分子建模、外科手术仿真等。华盛顿大学技术中心通过运行人机界面技术将虚拟现实引入到制造、教育、设

计、娱乐等领域。伊利诺伊州立大学研发了一套用于车辆设计上的具有远程合作功能的分布式虚拟现实系统。乔治·梅森大学研究出了一套基于流体性动态虚拟环境的实时仿真系统。

2. 欧洲

英国基于虚拟现实技术的游戏机发展较快，游戏者使用输入设备在虚拟环境中进行游戏，游戏中还可以有多人参与。英国 ARRL 公司进行了一些虚拟重现问题的实验，取得了一定的成果。英国航空公司利用虚拟现实技术仿真高级战斗机座舱，用于研究虚拟现实代替传统模拟器的潜力。欧洲其他国家也积极进行了虚拟现实的开发与应用。比如西班牙的多用户虚拟奥运会，德国的虚拟环境测试平台，荷兰海牙 TNO 研究所开发的体能训练模拟系统，并可以通过优化人机交互来改善现有的模拟系统，使用户完全融入模拟环境中。

3. 日本

在当前虚拟现实技术实用化方面的研究和开发中，日本居于领先位置。它的主要工作是致力于大规模虚拟现实数据库、虚拟游戏的研发。东京技术学院的精密智能实验室研发了一个用于建立三维模型的人性化界面。日本电气股份有限公司开发了一种虚拟现实系统，它提供给用户一种“虚拟手”的工具来处理三维模型。该系统通过“数据手套”把模型和用户连接起来。东京大学原岛研究所对“虚拟人”开展了多项研究，比如对人类面部的神经表情特征进行了分析与提取、人物三维结构的分析判断、人物三维动画效果。富士通实验室研究了虚拟世界中生物模型与环境的相互影响。他们还设计了虚拟现实中的手势识别功能，让系统可以识别人类的各种姿势，分析姿势的内涵。

（三）虚拟现实技术在我国的发展情况

我国从 20 世纪 90 年代初起已经开始了对虚拟现实技术的研究。虽然目前与发达国还有一定的差距，但是我国也逐渐开始重视对虚拟现实技术的研究。国家高科技研究计划、国家自然科学基金都有一些关于虚拟现实的项目。我国的一些高校和科研机构也积极投入这一领域。西北工业大学是我国研究虚拟现实技术最早的高校之一，它建立了我国最早的虚拟现实工程技术研究中心，该中心对我国虚拟现实研究的开展起了积极的作用。北京航空航天大学计算机系对虚拟现实的一些基础方面的知识进行了研究，在视觉接口方面开发了一些硬件，并提出了有关算法；创建了虚拟现实研究论坛，搭建了三维实时动态数据库；还开发了一套虚拟现实系统用于飞行训练。浙江大学国家重点实验室开发出了一套桌面式虚拟建筑环境实时漫游系统，并提供了便捷的交互工具。整个系统的便捷性、实时性、真实感都达到了较高的水平。哈尔滨工业大学对人体虚拟化进行了研究，对人在特定情形下的面部表情和唇动，以及人说话时的头势和手势动作进行了虚拟仿真。

另外清华大学、国防科技大学计算机研究所、上海交通大学图像处理模式识别研究所、安徽电子工程系等单位也进行了一些研究，并得到了一定的研究成果。

（四）虚拟现实技术在电力系统的应用现状

1992 年美国已经开始研究虚拟现实技术在电力系统上的应用，建立了电力系统三维虚拟数据库。根据文献，国外已经在输配网的三维展示、虚拟现实漫游管理方面获得了一定的成果。目前我国还局限于配网领域和电网三维展示方面。其实，虚拟现实技术在电力系统还有广阔的空间。

（1）虚拟现实技术在电力安全培训上的应用。电力安全培训的模式在不断的进步与发展，传统的培训方式都存在着一定的缺陷。但是随着计算机、信息、网络以及虚拟现实等相关技术的发展，基于虚拟现实技术的电力安全培训变成了可能，基于虚拟现实技术的培训可以弥补传统培训在电力安全培训上的一些盲点。

（2）虚拟现实技术在电力运行中的应用。电力系统是一个庞大的系统，倒闸操作的过程中需要进行远程操作，而远程操作因得到信息有限的缘故，影响操作的准确度，对人身、设备都存在着一定的安全隐患。而运行人员的现场操作又处于噪声、高温、高电压的环境之中，其操作的正确性也容易受到影响。若虚拟现实技术能够应用于数据采集和设备监控上面，使运行人员仿佛置身于设备现场，在操作时将会大大提升远程操作的安全系数。

（3）虚拟现实技术在电力设计中的应用。电力行业的产品设计、工程设计需要大量的资金才能稳定、安全地发展。若能够应用虚拟现实技术，将可以降低设计、开发的成本，避免新产品的开发风险，还能加深设计人员对产品和电力建设工程的认识，使产品的设计更加符合人们的需求。

综上所述，虚拟现实技术在国外已经得到了蓬勃的发展，其中以美国的虚拟现实技术最为先进。我国也在逐渐重视虚拟现实技术，并取得了一定的成果，但与发达国家仍有一定的差距。

在应用方面，虚拟现实技术目前还主要集中应用在军事和游戏领域，在其他领域已开始崭露头角，比如医疗、教育、电力系统，但成果还不能与军事、游戏、娱乐领域的成果相媲美。

二、面向电力系统安全培训的虚拟现实技术研究内容

（一）基础研究内容

（1）面向电力系统三维建模技术的研究。三维模型是虚拟现实的基石和灵魂，模型搭建的好坏直接影响着整个系统的好坏。本书在研究了各种建模技术的基础上，针对电力系统的特点选取软件作为系统的建模软件，详细介绍了电网环境下的建模过程以及模型实现动画的过程。

（2）虚拟现实系统开发引擎二次开发的研究。虚拟现实系统的开发是一个繁琐的过程，最近比较流行的方式是基于开发引擎的开发。开发引擎可以为系统的运行提供底层技术支撑，简化系统开发的过程。通过分析研究，本书采用了作为开发引擎，通过对开发引擎的二次开发，将引擎与软件进行组合，完成模型的优化处理。

（3）电力系统场景搭建技术的研究。电力系统是一个巨大的系统，包含了很多的场景，场景中又包含了各种各样的设备模型、人物模型、环境模型。在计算机硬件有限的条件下，需要把导入开发引擎中的离散模型按照有较高效率的方案整合起来，以较快的速度达到良好的整体场景效果。本书在分析了电网连接特点的基础上，利用空间划分技术，把空间进行分割，使整个场景具有一定的层次结构。再把模型按照该层次结构组织搭建起来，从而实现虚拟场景的搭建。

（4）电力系统人机交互技术的研究。交互性是虚拟现实三大特性之一，是一个成功的

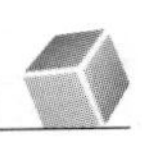

虚拟现实系统的标志之一。人机交互需要一定的硬件和软件。下文对常见的交互设备、人机交互中的关键技术进行了介绍，利用包围球算法和包围盒算法混合的检测方案，重点对电力设备的碰撞检测算法进行研究。

（二）虚拟现实建模技术

电力安全培训系统中建立的虚拟世界是一个庞大的系统，它需要将众多的离散的模型有机地组合起来，用来仿真实际的电力网。在这个虚拟世界中最基本的元素是模型。无论人物、电力设备、操作仪器、周围环境都是模型，可以说三维模型是虚拟现实技术的基石和灵魂。模型的逼真程度直接影响到整个系统的好坏。三维建模技术的历史比较悠久，甚至可以回溯到20世纪。当时研究的目的是为了对飞行员和宇航员进行训练。目前三维建模主要有三种方式：基于三维几何绘制的建模技术、基于图像绘制的建模技术、基于几何与图像混合的建模技术。

（1）基于三维几何绘制的建模技术。基于几何绘制的建模技术是以计算机图像学原理为基础，首先使用数学上的点、线、面、多边形等各种数学模型构建出模型的几何轮廓，然后加上材质赋予其真实感。基于几何绘制的三维建模需要对仿真的场景进行数字化的描述。这里一般需要使用场景对应的建筑设计图纸，按照一定的比例与尺寸，仿真真实的模型。基于几何绘制的建模技术因具有参数的精确性，模型也显得比较细腻。现在这项技术已经比较成熟，许多建模工具都是基于几何绘制技术来设计的。当然，基于几何绘制的建模技术也存在不足之处，当遇到复杂场景时，建模的工作量会很大，这会对项目的开发带来不便。

（2）基于图像绘制的建模技术。基于图像绘制的建模技术是使用一定的设备采集真实模型的一些图像数据。再利用图像处理系统对采集来的数据进行分析、整理，生成一些逼真的平面图。最后按照一定的映射原理，组成立体的三维模型。这种基于图像绘制的建模技术具有快速、简单、逼真的优点，目前也得到了广泛的应用。只是这项技术必须有真实的模型存在，致使虚拟现实技术“想象性”的特点不能得到体现，应用也具有一定的局限性。另外，获得实景图像需要高性能的设备，这也会提高项目开发的费用。

（3）基于几何与图像混合的建模技术。综合以上两种方法，发现若能把这两种技术结合起来，在应用上可以取长补短。当然在具体处理时，针对不同的场景、不同的环节，需采用不同的方案。一些全景性的模型，在无需太注重细节的条件下，可以采用基于图像绘制技术建模；当用户与系统进行近距离人机交互时，对细节要求高，利用几何绘制建模可以克服图像交互性不强的问题，提高使用者的沉浸感。

实际应用中，一般还是使用以几何建模为主，在广阔的全景性、陪衬性的模型上使用图像建模，降低场景的复杂度，有时还能采用图像作为纹理来替代模型的表面细节。采用这样的混合技术来进行建模，效果较好。该方法是目前应用最广泛的方法。

（三）基于三维 3DS MAX 建模

目前虚拟现实技术是利用一些软件进行建模。针对建模的软件也有很多，比较常见的建模软件有 3DS MAX 等。选择一个合适的建模工具，需要既能满足虚拟现实系统三大特性的要求，又要经济实惠，且需具有开发性，从而使模型具有延续性的特点。

1. 3DS MAX 简介

3DS MAX 全称是 3D Studio MAX，其前身是运行在 DOS 操作系统中的 3DS，是

Autodesk的下属公司 Disctreet 推出的一款 3D 建模软件。自推出第一版后，目前已经发展到了第 7.0 版本。它具有非常人性化的操作界面、便捷的操作模式与丰富的交互性。用户通过使用此软件可以方便地创建各种三维模型，包括静态模型和动态模型。静态模型具有多视点调节、真实材质贴图、照片级的渲染效果；动态模型真实、简约，在电影、游戏领域有广泛的应用。

2. 3DS MAX 建模软件的优点

3DS MAX 相对于其他建模软件的优点如下：

（1）性价比高。3DS MAX 提供的功能远大于它自身低廉的价格，而且 3DS MAX 软件比较常见，操作简单，制作流程清晰高效，工作界面人性化。对于硬件的要求也比较低，一般普通配置的计算机即可。

（2）功能强大，扩展性好。3DS MAX 除了内建的功能外，还可以使用许多插件和外部程序。它具有各种快捷、方便的建模工具，建模效率很高。

（3）和其他软件配合流畅。自 3DS MAX 对接口技术进行了优化与提升后，极大地改进了与其他软件的交互和操作速度。

（4）用户众多，互相交流学习方便。3DS MAX 在国内外拥有众多的用户群。关于 3DS MAX 的学习资料也很多，在互联网上，有大量关于 3DS MAX 的论坛。正是如此广泛的客服群，提高了大家的建模水平，同时也拓宽了 3DS MAX 的应用范围。

（四）电力系统场景搭建技术

1. 电力设备的动画

在电力网中，虽然设备数量很多、类型也多种多样，但是需要具有动作效果的模型并不多。这些模型主要是：隔离开关，需要进行分合的动作；变压器的散热风扇，需要进行旋转的动作；一些小型断路器开关的分合动作；设备操作机构的门的开闭动作等。而且大部分设备的动画也比较简单，基本就是一两个部件进行匀速的直线或弧线运动。在操作中只需要把这些节点部件的运动轨迹记录下来，将某些时刻的动作设定为关键帧（关键帧的时间间隔至少小于秒）。之后就能利用关键帧自动生成非关键帧，形成动画。

2. 电力工作者的动画

在系统中电力工作者是不可缺少的模型。但是人的运动比较复杂，刻画电力工作者模型的动画相对比设备的运动麻烦得多。如何捕捉电力工作者操作的运动轨迹和姿势需要做大量的工作。一般为了节约工作量，可以将电力工作者的运动抽象为骨架运动，人的骨架由骨头的关节连接起来，电力工作者的各种姿势由骨架的姿势表示，就具有了多关节的层次结构。这里的关节指连接骨头的部件，它允许与它相连的骨头进行相对运动。通常都需要对人体不同的关节进行属性设定，以保证所连的骨头进行的相对运动是符合人体运动规律的，避免出现动画失真的现象。人体骨架结构如图 2.3 所示，设定人物模型有多个节点。如果需要做一些较细致的动作，如动手指，就需要在这个骨架的基础上继续深化，构建手部骨架结构等。

在电力工作者模型的骨架之外，建模时还加上了肌肉、表皮、衣服的覆盖，以及相应材质的纹理，以达到一个较好的视觉效果。加上蒙皮后，模型进行动作时还能避免显示出骨骼动画可能产生的裂缝现象。针对电力系统的特点，有的人物模型需要加上工作服、安

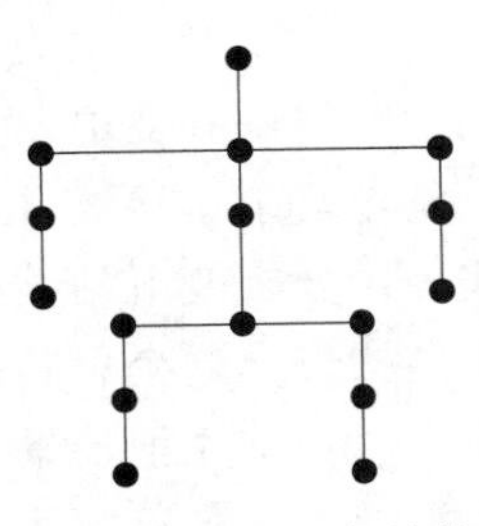

图 2.3　人体骨架结构

全帽、绝缘靴等特色蒙皮，如湖南电网公司要求工作负责人穿红马甲，模型可以加上红马甲的蒙皮。电力工作者的模型建设完毕后需要对人体运动的规律进行研究，即对关节模型的运动问题进行研究。下面对电力工作者最基本的“行走”运动形式进行分析研究。行走虽然是基本运动，但其实也是一个较复杂的过程。行走时，人体主要依靠腿的摆动进行移动。这里可以把这个移动的过程认为是人体进行周期运动的过程。这个过程中腿将进行周期性的运动，手也会进行相应的摆动。具体如何运动，需要根据人体运动学来进行描述，一般用到下面几个概念：

（1）运动周期。运动周期指人在运动过程中，完成一个周期的步行运动所需的时间。通俗地说，就是人在步行中从一个姿势到下个相同姿势所需的时间。

（2）单腿支撑期。单腿支撑期指一个运动周期中，人用某一条腿单独支撑的时间。它是从另一条腿的脚趾离开地面，到脚跟接触地面为止。

（3）双腿支撑期。双腿支撑期指一个运动周期中，人用两条腿共同支撑的时期。

（4）步距。步距指人摆动腿的着地点与支撑腿的脚掌之间的距离。

具体在实现人物模型动画时，除了计算那些参数值外，还要对人体行走的不同时刻的姿势进行捕捉。典型的捕捉技术有机械式、电磁式和光学式。其中光学式捕捉技术是应用最广的，其理论依据是：对某一个点，只要这个点能够同时为两部摄像机所见，就是说利用两部摄像机，就可以确定某一时刻该点的空间位置。那么当摄像机连续地以每秒帧以上的速度进行连续拍摄时，就可以准确得到某一点的运动轨迹。基于该原理，人体运动的捕捉可以简化为对人体的节点进行捕捉，接下来的步骤为：确定各个关节的位置；得到模型的姿势；设为关键帧；3DS MAX 自动生成非关键帧；形成动画。

3. 场景图

场景图中用节点代表模型，线代表模型之间、模型与环境之间的关系。这种层次结构能详细地描述场景中的相互关系，定义场景的所有信息，并且包含最基本的信息，如模型的位置、大小、材质、颜色等。概括地进行分类，场景图的层次结构可以看成三次结构：最高层是整体场景和组织节点，中间层是局部场景和控制节点，最底层是模型本体。场景图中包含了场景图里的三类节点：几何节点、组节点和变换节点。几何节点可以看作物体本体，包含物体的基本信息；组节点的作用是对节点进行分组管理；变换节点是描述物体运动状态的节点。

4. 空间划分技术

场景图包含的信息比较全面，缺点是组织方式效率比较低，对于电力系统而言，设备数量较多、类型较多，如果采用这种方式的话，效果一般。而空间划分技术能避免这一缺点。空间划分技术是将场景分解成相连而不相交的组合，再把模型按照该层次结构来组织搭建。常用的空间划分层次结构有：空间二叉树表示法、八叉树表示法、N 叉树表示法。这些方法类似，只是对场景划分的个数有区别而已。其中二叉树是最简单的形式。

5. 基于电气连接特性的构造空间叉树

虽然利用上述的方案已经能够进行空间分割建立二叉树，但是在电力系统进行场景搭建时，还要考虑电力系统布局约束的影响。分析电力系统的布局特点，首先把电力网络分割为输线网和变电站。输线网可以看成是以输电杆塔为中心的纵向分布结构。变电站内的设备较复杂，接线方式也各种各样，比如单母线接线、双母线接线和一台半断路器接线方式等。分析变电站结构发现，变电站都是以变压器为中心，母线为纬线，间隔为经线的分布结构。在这个思路的基础上，可以这样考虑：

(1) 首先把场景分为输线网和变电站。输线网继续分割为各条输电线路，每条输电线路类似。每条输电线路又可以继续分割为杆塔、电线和绝缘子等设备。

(2) 在变电站中，以母线的电气连接方式为依据，将设备分割为属于母线Ⅰ、母线Ⅱ、旁母。各母线上又分布着间隔单位。可以对母线上的间隔单元进行分割，包括变压器进线间隔、电压互感器及避雷器间隔、母联间隔、出线间隔等。

(3) 这些间隔上分布着各种各样的设备。间隔又能继续分割。出线间隔上的设备包括断路器、隔离开关、电流互感器；主变间隔包括断路器、隔离开关、电流互感器、变压器等；电压互感器及避雷器间隔包括了电压互感器、避雷器，还有断路器、隔离开关等。

(4) 考虑完电网中电气连接特性与空间布局约束具有隐含的对应关系，各设备之间还需要有满足电网要求的安全距离（10kV：0.7m、0.35kV：1m、110kV：1.5m、220kV：3m、500kV：5m）。总结以上几点，按照电气接线顺序排列得到场景的空间叉树如图2.4所示。

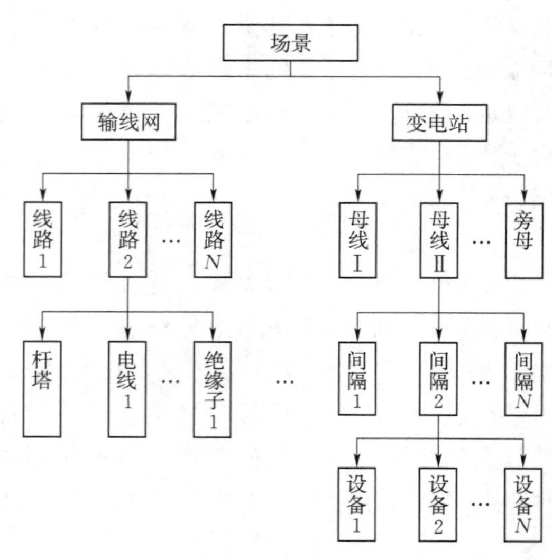

图2.4　基于电气连接的空间N叉树结构图

场景分割完毕后，在虚拟世界中可以按这种方式进行放置，整个场景是根节点，基本的设备模型是叶子节点，且每一个叶子节点都有自己的物理属性（大小、颜色、形状）、空间属性（坐标、方向）、运动属性（运动的轨迹、速度）、电气特性（带电状态、分合状态、表计示数）。设备模型节点除了包含模型本体外，在考虑到电气安全距离的条件下，还包含了以模型为中心的、以电气安全距离为半径的圆形区域。在完成场景组织搭建后，需要对场景中的一些附属模型进行组建（如地形、围墙、办公楼、标志牌、树木、天空）。可以看出这样的搭建方案是一个对空间进行均匀分割的二叉树的稀疏矩阵，这种组织方式明显比不考虑电气连接特性的空间二叉树更具有目的性和遍历效率。

三、电力系统人机交互技术

（一）人机交互内容

人机交互是研究人、计算机以及它们之间相互影响的技术。狭义上的人机交互是指人与计算机的信息交换，虚拟系统的人机交互就是人与虚拟世界的信息交换。人机交互功能是体现虚拟现实系统的人性化、智能化的重要方面。但是由于三维世界比常见的计算机二

维平面多了一维的深度空间，所以在人机交互上就不同于传统的在图形用户界面上的交互，而是更加接近于人们在真实生活中进行沟通、交流、操作的形式。这也是虚拟现实技术最初设计的目的。现在人机交互的设计已经从当初的“以技术为中心”向“以用户为中心”转变，该过程经过了以下几个发展阶段：①纯手工操作的阶段；②任务语言控制阶段；③图形用户界面阶段；④网络用户界面阶段；⑤多通道交互阶段。

多通道交互阶段是目前虚拟现实技术所处的阶段，它是基于人体本身的多通道特点，提供用户使用手势、语音，甚至面部表情作为输入通道，利用人体感官的视觉、听觉、嗅觉、触觉等作为输出通道来给用户提供逼真的感官体验。

（二）交互设备

人机交互的发展与交互设备的发展是离不开的，交互设备的好坏有时可以决定交互效果的优良。目前交互设备主要是利用两种方式来实现：软件辅助下的交互方法和纯硬件的交互。

1. 软件辅助下的交互方法

软件辅助下的交互方法是利用二维鼠标对三维世界内的模型进行交互操作。一般引擎会创建一个传感器来对鼠标进行管理，传感器节点记录了鼠标的内置事件，如鼠标的左、右键的点击，滑轮的滚动等。然后利用映射技术，把这些二维数据映射到三维空间的坐标之中，从而实现在三维空间中的操作。这类方法简单、方便、节约，符合人们的使用习惯，可以很好地应用于项目中。

2. 纯硬件的交互

纯硬件的交互是利用专门的三维交互设备，通过自然的方式在虚拟世界中直接进行交互操作。这种交互方式需要硬件的支持，交互的真实感也很强，可是需要的费用也较高，用户还需要进行一定的训练才能掌握对设备的操作。下面举几个目前常见的三维交互设备：

（1）浮动鼠标。这是一种和鼠标比较相似的设备，区别在于它离开桌面后会变成一个具有六自由度的探索器（六自由度指宽度、高度、深度、偏转度、仰视度、转动角）。这类鼠标内部会装设一定的仪器，如电磁探测器、超声波发/接器等。

（2）三维空间球。这是一种能够提供连续空间坐标、方向和离散按键信息的三维输入设备。三维空间球的外形是个球状的物体，它被安装在一个小型的固定平台上。人们可以对它进行扭转、拉出、下压、摇摆等，通过完成这些操作，可以对三维空间的模型进行六自由度的控制。

（3）数据手套。用户可以在虚拟空间里凭借它进行类似于人手运动操作的设备。它能够捕捉到人的手指、手腕的各种运动。在虚拟世界中，用户可以凭借着这个设备去操作那些虚拟模型，就像在真实的世界中操作物体一样。

（4）头盔式显示器。一般的输出设备使用桌面显示器即可，但为了加强显示的效果，可以考虑更先进的设备，头盔显示器就是其一。它的工作原理是在头盔内装上位置跟踪器用于捕捉人头部的位置、方向，这些数据获得后会传给计算机，计算机利用这些数据调整用户视觉范围内的场景，并形成图像直接传给头盔前部的眼镜上。头盔还会对所有无关于视觉的信息进行过滤。

(5) 三维声音处理器。听觉是人接受信息的一个非常重要的渠道，它也是交互技术中多通道感知通道不可缺少的一个方面。它即可以接受用户声音的输入，又可以将虚拟现实系统的反馈信息直接给用户。三维声音处理器是由声音辨识、声音合成、三维声音定位等系统组成。声音经过这些系统的处理以后，用户使用普通的耳机便可获得三维的立体声音，加上视觉显示的配合，真实感、现场感十分显著。

（三）交互中的关键技术

1. 三维拾取

在虚拟现实技术中，用户对三维模型进行拾取控制是人机交互的基础，也是虚拟现实系统的基础。在计算机的显示器中，三维模型是由许多图元有机地组合起来，这些图元又由一些顶点组合起来，顶点与顶点之间就构成了一些多面形面片。三维模型的图元经过几何变化、投影变化、视区变换，把模型的各个顶点转换为屏幕上的二维坐标。这就是三维模型的显示过程。三维拾取是三维模型显示的逆过程，也就是用设备点击屏幕上的点，而这点其实是三维模型在屏幕上的投影点，操作的结果按照模型显示的逆过程返回给三维空间，模型就完成了三维拾取。

2. 场景漫游

交互性是指使用者通过输出输入设备，在虚拟世界探索、操作，并得到反馈的逼真程度。那么用户就应该具备改变观察的视点及视线方向，实现自由的漫游，探索这个虚拟世界的能力。视点的变换原理，是在引擎对每一帧的场景进行渲染之前，改变观察虚拟世界的视线参数，从而达到改变视点和视线的目的。其实用户视点的位置和视线可以看成是一个人物模型的视点位置和视线，那么视点和视线的变换也就是模型位置与方向的变换。

3. 碰撞检测

人机交互带来的一个不可避免的问题，就是需要进行碰撞检测。简单地说，碰撞检测就是检测不同模型是否发生了碰撞。如果没有碰撞检测，当模型按照培训人员的意愿在虚拟世界进行动作时，可能会产生“穿墙而过”的效果，这将大大降低虚拟环境的真实感。碰撞检测作为虚拟现实世界中的一个关键技术，主要是判断物体之间、物体与场景之间是否发生了碰撞。从几何角度出发，如果物体使用一些几何元素进行描述的话，那么碰撞检测可以看成是多面体之间的碰撞问题。

碰撞检测的核心问题是物体求交。比较直观的方法就是检测场景中物体之间的位置关系。这对小规模场景还可能完成，对稍微大型一点的电力系统，特别是如隔离开关这种需要多次进行分合动作的设备，它的碰撞检测一般的计算机系统都是难以承受的。所以碰撞检测需要采用一种快速且有效的碰撞检测算法。

四、基于虚拟现实技术的电力安全培训系统

（一）电力系统安全培训的现状

随着电网规模的不断扩大，各种先进技术在电网中的广泛应用，智能可视化已经成为电网发展的必然趋势。在电网大步向前发展的形势下，对于电力员工安全作业水平的要求也越来越高了。培训则是提高作业人员素质重要而又有效的手段之一。现在我国大多数电力企业的培训还是以现场培训和考试形式为主的培训模式。该种培训模式还存在着一定的问题。

（1）电力人员安全素质参差不齐，安全培训针对性不强。电力企业的安全培训通常是对企业里所有的生产作业人员进行的。随着时代的发展，电力生产中的环境也在不断变化，各种工具、技能也在不断更新换代。电力企业目前还是把每种技能零散地灌输给员工，缺乏系统化。在实际工作中，电力企业的员工由于年龄、业务基础的不同，对新知识、新技能的接受能力就不同，比如有些老员工只有中专水平，而年轻一代几乎都是本科学历以上，甚至硕士学位和博士学位，若不加区别、无针对性、统而划一地培训，效果肯定不会太理想。

（2）现场培训机会少。一直以来电力企业都是重安全意识教育，轻安全技能教育。再加上电网的设备比较昂贵，正常运行时具有高危险性、不能随意停电，员工得到现场培训的机会就比较少，员工得不到有效的培训。

（3）培训内容、形式枯燥，员工参与感不强。电力企业一般的安全培训方法都是背安规、考安规，或者阅读事故简报。形式单一、内容缺乏吸引力，培训员工容易感到枯燥、单调。

（4）信息反馈不及时。目前电力企业大多采用的短期的课堂培训形式，这种模式带来的后果之一是使培训人员受到资料的限制，软件更新不及时，甚至不更新或漏更新。信息反馈的滞后，会使得员工因得不到新信息而产生厌恶感，丧失培训的兴趣。信息的滞后还会导致上级领导对下层员工的现状了解不及时。

（二）虚拟现实电力安全仿真培训

1. 虚拟现实电力安全仿真培训系统简介

虚拟现实电力安全仿真培训系统使用了虚拟现实技术、多媒体技术、网络技术，并融合电力生产专业知识，为电力企业提供了一个电力安全培训的平台。系统具有强大的仿真功能，涉及众多电力生产流程、工器具的使用方法，通过复现典型的电力生产事故来解读电力生产安规。系统可以为电力生产的运行、检修、调度等专业提供基于虚拟现场的全方位培训。不同地点的培训人员都可以进入同一平台中，大家一起去了解电力设备的特性，获得电力事故的教训，清楚电力系统的运行特点，观摩标准化作业的正确流程，掌握电力生产工器具的使用。平台分为两个子模块，分别是标准化作业培训模块和典型案例分析模块。标准化作业培训模块又分为场景漫游、电力线路和变电站三个部分，典型案例分析模块仿真了最近几年的一些典型的事故案例。

场景漫游部分用于展现现实设备的虚拟可视化。电力培训人员进入虚拟培训平台的模块后，虚拟设备马上呈现在培训者的面前，培训者可以主动地在虚拟的电力系统中遨游，可以随意地去了解设备的外部构造、变电站以及输电线路的结构、工作现场的环境等，然后再将感受到的信息经过思考和分析，形成自己想要的动作或策略，通过输入界面反馈给系统，实现与系统的交互和控制。

电力线路部分包括下列内容：

（1）保证安全的组织措施。这部分主要仿真电力线路的工作票制度、工作许可制度、工作监护制度、工作间断制度终结和送电制度。

（2）保证安全的技术措施。这部分包括使用个人保安线、停电、验电、装设接地线、悬挂标志牌和装设围栏。

（3）线路运行和维护。主要仿真了线路巡线、倒闸操作需要注意的安全点。

（4）邻近带电导线附近的工作。主要是进行标准化作业时，考察培训人员对于在带电导线附近工作时需做的安全措施。

（5）配电设备上的作业。配电设备上的工作是电力线路工作中比较复杂的工作，工作流程也比较复杂，故电力线路仿真培训系统在此设定了一些关键点，培训人员只有按标准的工作流程才能完成配电设备上的工作，若培训时用户选择的工作流程出现了错误，系统会给予一定的扣分。

（6）带电作业。带电作业是电力线路工作中比较危险的工作，但是在现实的工作中，很难在现场进行专门的带电培训工作，基于虚拟现实技术的培训平台则能够提供一个虚拟的带电环境的场景，能给培训者提供一个有效的、安全的培训。

（7）安全工器具的使用。仿真培训可以生动形象地仿真一些常见工器具的使用、维护、存放、试验等。

变电站部分包括下列内容：

（1）高压设备工作的基本要求。高压设备上的工作在电力线路工作中是比较复杂的工作，既包含了运行人员需要注意的安全事项，也包含了检修人员需要注意的危险点、工作流程、检修工艺的技术标准。仿真作业的一些关键点就设置于此。

（2）保证安全作业的组织措施。变电站工作的组织措施与电力线路工作的组织措施略有不同，主要是：工作票制度、工作许可制度、工作监护制度、工作间断转移和终结制度。

（3）保证安全作业的技术措施。变电站工作的技术措施和电力线路的技术措施也基本相同，区别在于没有强调使用个人保安线，只是要求在附近带电设备可能产生感应电压的情况下，需要装设个人保安线。

（4）带电作业。部分的变电站工作也需要进行带电作业，只是危险性相对于电力线路低一些，因为这里的带电作业大部分是在二次回路上或远离高电压线路上的工作，进行等电位带电的工作并不多。但是由于变电站设备的复杂性远大于电力线路，所以建立基于虚拟现实技术的带电作业的培训也是必需的。

（5）在六氟化硫电力设备上的工作。六氟化硫是一种负电性的气体，由于气体中的氟原子有很强的吸附电子的能力，能够很快吸附自由电子而成为稳定的负离子，从而具有很好灭弧功能。而且六氟化硫的绝缘性能稳定，不易老化变质，当气压增大时，气体的绝缘性能还会随之提高。因此六氟化硫被广泛地用于电力设备中，用于灭弧或绝缘的作用。但是在电弧或电晕的放电时，六氟化硫会被分解，在金属蒸气的参与下，生成氟化氢、二氧化硫等剧毒物质。因此在六氟化硫上的工作具有高危险性，有进行标准化作业仿真的必要。

典型案例分析模块对过去发生的一些典型的事故可进行仿真再现。在过去，对于已经发生的事故，只能用文字、语言表述出来，然后人们在头脑中对事故进行想象。然而每个人的理解能力不一样，这些非直观的理解可能为以后的工作留下隐患。使用基于虚拟现实技术的培训系统能将过去的一些典型事故逼真地重现，让培训者仿佛置身于真实的事故中，事故发生的起因、经过、结果一目了然。培训者可以得到最深刻的感受、接受到最有

效的教育。

2. 虚拟现实电力安全仿真培训系统特点

虚拟现实电力安全仿真培训系统是融合了实用性、互动性等特点于一体的电力安全培训系统，是虚拟现实技术在电力安全培训上的具体应用。可以认为系统本身就具有一定的创新性。此外，系统还具有下列特性：

(1) 全面性。系统涵盖的内容广泛，涉及大量基本的电力作业项目。系统可以为电力作业的检修、运行、调度等工种提供全方位的培训。老员工通过使用该系统可以进一步提升技能水平，新员工通过使用该系统则能对电力系统进行感性的认识，并掌握电力作业的基本操作技巧。一些事故、设备的故障模拟，可以为培训者在系统中得到真实的锻炼。当现实中的事故、故障发生时，培训者将不会完全措手不及。

(2) 娱乐性。此系统除了能够提供全面的培训外，逼真的画面、立体的声音、一些类似于游戏中的生命值、用户等级等元素的运用，电力培训人员在培训的同时还能得到顶级的三维游戏的享受。加上系统交互功能的强大，给予了培训者更多的主动性，培训者可以随意地漫游电网、了解设备，按自己的意图控制设备，这将能提高培训者参与培训的兴趣，让用户能够寓教于乐。

(3) 便捷性。系统使用普通的键盘、鼠标作为输入设备，符合一般人的使用习惯，经过简单的培训，用户都能掌握对系统的使用。系统基于强大的网络连接能力，加上项目中对网络连接的优化，能够给予系统分布式培训的特点。不同地区的用户通过系统能够走到一起，进行交流，协作完成任务，这大大方便了用户的使用。

(4) 节约性。系统的仿真是纯软件的形式，对于硬件的要求，一般配置的计算机都可满足要求。

（三）标准化作业培训子模块

系统中最重要的一个模块就是对电力标准化作业进行仿真培训，以规范培训者的生产意识、安全作业的能力。标准化作业是电力公司实现生产工作标准化、程序化的重要举措，能够避免员工因素质上的差异导致的危险作业或作业质量不达标。

以往对于标准化作业的描述还限于标准化作业指导书、工作票、操作票等文字或图片上，每个人的理解能力不一致，这对于落实标准化作业是一个弊端。而且电力工人都局限于自身工作的范围，就会对标准化的整体流程认识不够全面。

通过虚拟现实技术把标准化作业整体流程进行展现，则能够让培训者“身临其境”于完整的标准化流程之中，并交互的参与培训，这对于推广标准化作业大有裨益。标准化作业来源于泰罗的“科学管理”思想，这里的科学管理阐述主要分为四个方面：

(1) 对工作的每一步操作进行研究，得出标准的操作流程，取代单凭经验的操作。

(2) 对工人进行挑选，进行标准化的教育培训。

(3) 要求工作人员之间互相协调的配合工作，以保证每个人都按照标准进行工作。

(4) 管理者和工作人员的职责与义务均等分配。

（四）标准化作业的常规流程

标准化是对工作流程、工艺、名称、记录文件进行规范化。电气作业标准化的常规流程如下：

（1）作业项目的确定。一个作业项目的确定由工作的单位领导根据设备的检修计划、上级下达的作业计划以及设备缺陷情况确定作业项目，并由调度上报申请停电。根据项目的复杂程度召开准备会，在会上确定工作负责人及人员分工、工作分工等。

（2）了解设备状况、作业的环境。对于大型的作业，需要专责负责。一般的工作由工作负责人负责。工作具体内容是到工作现场去了解设备的运行状况、缺陷情况；查阅上次的大修报告、试验报告；仔细检查现场的工作环境，周围设备的带电情况、有无其他危险隐患等。

（3）开展作业全过程危险点分析，制定控制措施。大型工作需要有单位组织，由单位的安全专责在准备会上开展危险点分析。一般工作由班组组织，由工作负责人在班会上进行危险点分析。危险点分析需要全面具体，针对每一个危险点还应该制定出相应的控制措施。

（4）作业项目的技术、材料准备。针对本次工作，班组要学习检修工艺，要求每个人都清楚自己任务。材料、工具应该备齐。工具要求是经试验合格、且在有效期限内。

（5）办理工作票。工作票应该由工作负责人编写，经签发人审核过后，发给运行人员批准。运行人员审核无疑后，由值班员填写工作票许可部分，并填写操作票，按照操作票完成安全措施。

（6）工作许可。工作开始前，工作负责人、工作许可人需共同到作业现场，由工作许可人向工作负责人交代现场的安全措施实施情况、工作周围带电情况，工作负责人核对无误后，在工作票上签名确认，工作许可人许可开工。

（7）现场工作。工作班成员在工作负责人的带领下沿指定的线路进入工作现场。到达现场后，工作班分组排好，工作负责人进行互动“三交”。工作班成员对作业项目及安全措施无疑问后，在工作票上签名确认。由工作负责人宣布开工。

（8）检修工作中。设备检修要严格执行工艺标准，各个环节需要参考质量控制卡内容，遇到技术难度积极开展QC攻关。

（9）竣工验收。工作终结前首先应该是检修班组进行自验收，自验收完毕后清理现场，工作班成员撤离工作现场。然后工作负责人带领值班运行人员进行验收，首先介绍本次工作的详细情况、遗留的问题。经值班运行人员验收完毕后，在工作票上加盖“已执行”章，宣布本次工作结束。

（10）运行人员进行资料归档，上报调度，恢复送电。

第三章　电网新技术与电力系统效能

第一节　低碳电力系统与厂网协调模式

一、面向低碳目标的厂网协调模式

（一）概述

1. 低碳要素的引入对电力规划的影响

（1）低碳经济的兴起及其对我国的影响。一直以来，世界各国为了追逐GDP的增长，消耗了大量化石能源，而在能源使用过程中伴随的则是CO_2的大规模排放与环境污染的加剧，导致全球气候日渐变暖，酸雨、灰尘、光化学烟雾等环境问题频发。而随着人们对环境、生活质量要求的提高，对传统经济增长模式提出了越来越强烈的质疑。人们开始寻求更加低碳环保、可持续性的绿色经济发展道路，在这一理念的驱动下，“低碳经济”发展模式顺应而生，并获得了世界各国的普遍关注。

“低碳经济”一词最早出现于公众视野，是在2003年英国能源白皮书《我们能源的未来：创建低碳经济》一书中。书中指出，低碳经济是以较少的自然资源投入和较低的环境污染为代价，获得尽可能多的经济产出。因此，与传统经济发展模式相比，低碳经济具有低消耗、低污染、清洁、高效等显著的“低碳、绿色”特征。低碳经济实质上是追求能源资源的高效利用、低碳能源的大规模开发，从而极大降低单位能耗。驱动低碳经济发展的根本动力主要包括新型能源政策的出台、低碳技术的变革以及人类低碳观念的转变。可以说，“低碳经济”提出的大背景是基于当前日益严峻的能源供给、环境污染和气候变暖问题，同时“低碳经济”的提出也给人类未来的发展方向指明了道路。

低碳经济这一发展模式对人类社会产生了广泛的影响，其中对我国的影响也十分显著，涉及各个经济领域。作为世界人口大国和最大的发展中国家，我国面临的可持续发展问题尤为严峻。在传统发展模式下，我国CO_2排放量呈高速增长态势，这种发展模式不仅使我国承受着巨大的能源供给压力，还对我国生态环境产生了不可逆转的破坏，因此，必须实现由原有的高耗能型工业模式向低碳经济模式的转变。近10年来，我国电力行业CO_2排放量也是逐年攀升，年末达到31.76亿t，占总排放量比重为37.54%，由此可见电力行业的“贡献”突出。

（2）低碳要素的引入对电力规划的影响。低碳要素的引入必将彻底改变我国电力工业的发展模式，使我国电力系统向低碳、清洁、高效的方向发展。由于“碳锁定效应”的存在，要构建低碳电力系统，其首要前提是实现电力系统的科学合理规划。

在厂网分开之前，我国电力规划模式是由过去的国家电力公司统一进行的，电源规划和电网规划由同一个决策主体负责实施，在这一层面上电源与电网二者的规划相对容易协调。而随着以“厂网分开，竞价上网”为核心的电力市场化改革的实施，使发电侧和电网侧的所有权相互分离，这从根本上改变了电力系统规划的理念，给电力规划工作带来了许多不确定性因素，并衍生出诸多问题。由于发电侧和电网侧所有权彼此独立，使得电力系统规划由原来的统一规划模式转变成分散决策模式。在这种电源与电网分立规划模式下，电源的厂址、新增发电容量与种类、投运时间以及竞价上网的容量等都由发电公司自主决策，这不仅给电网规划工作增加了难度，还极易造成二者间的不协调，给整个电力工业带来损失。

当前电源与电网规划的不协调主要体现在电源建设的无序性以及电网建设滞后于电源建设，从而导致发电资源的浪费与投资收益的低下。近几年，我国火电、水电、核电、风电轮番掀起热潮，缺乏科学的统一协调规划，诸多项目盲目上马，当需求出现波动时，电力就不可避免地出现振荡，出现电力产能过剩现象，形成"短缺—过剩—短缺"的恶性循环。这不仅造成了资源的浪费，还导致发电企业效益低下。

低碳要素的引入揭示出了当前电源与电网分立规划模式存在的不足，电力系统必须改变原有的分散规划理念，构建起面向低碳目标的电力规划模式，即厂网协调规划模式。特别是在低碳能源迅猛发展的社会背景下，建立有利于低碳能源并网发电的规划模式尤为重要。厂网协调规划模式的本质是科学统筹一次能源与二次能源、传统能源与可再生能源、集中电源与分布式电源、电源与电网、大电网与地区电网之间的关系。

2. 厂网协调规划模式的界定

低碳要素的引入凸显了现有规划模式的不足，电力行业必须认识到我国现有的电源与电网分立规划模式在电力系统运行适应性上存在的问题。与现有规划模式相比，厂网协调规划模式具有很强的低碳特性，更强调发展低碳能源，是构建低碳电力系统、发展低碳经济的一种必然选择。根据排放强度，电源可以划分为高碳能源和低碳能源，其中高碳能源即传统的火力发电；低碳能源则包括水电、核电、风电、光伏发电、生物质能等。根据线路电压等级的不同，电网可以分为输电网和配电网。

3. 厂网规划协调度评价指标体系

依据指标体系设计的原则和思路，从电力系统发电、输配电、用电、调度四个环节，构建包括 3 个层次、4 个环节、25 项指标的厂网规划协调度评价指标体系来反映电源与电网规划的协调度，如图 3.1 所示。

（二）低碳电力系统的构建及其低碳特征分析

1. 厂网协调规划模式与低碳电力系统的关联性

厂网协调规划模式与现有的电源与电网分立规划模式最主要的区别在于前者更面向低碳目标，具有更强的低碳特性。厂网协调规划模式更注重电源内部、电网内部以及电源与电网之间的相互协调，主张从规划层面大规模促进可再生能源的并网发电和清洁能源的发展，提高电网接纳可再生能源的能力。电网作为连接发电侧和用电侧的枢纽，在大型储能设备尚未具备技术与经济可行性的前提下，电网输电是支撑非化石能源大规模应用的唯一途径。同时，厂网协调规划模式强调装机容量与输电线路长度的匹配、装机容量与变电容量的匹配、输电线路长度与变电容量的匹配、配电线路长度与装机容量的匹配以及配电线路长度与变电容量的匹配，尽可能提高电网吸纳低碳能源上网的能力，避免盲目投资。在规划层面，厂网协调规划模式破除"碳锁定效应"对电力系统实现节能减排目标的桎梏，

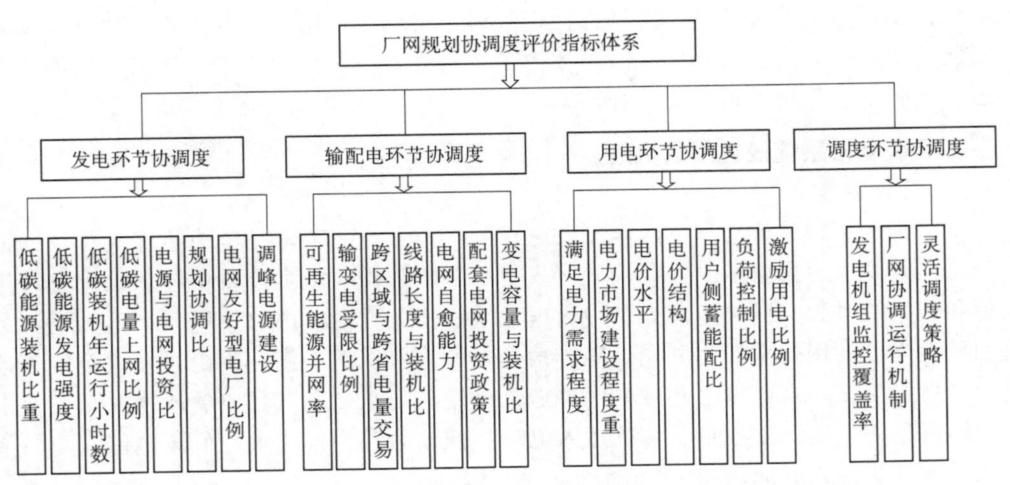

图 3.1 厂网规划协调度评价指标体系

促进高效、低碳型电力系统网络的构建。因此，实行厂网协调规划模式是构建低碳电力系统的关键措施之一，有助于推动电力系统的低碳化发展。

2. 低碳电力系统的构建及其低碳特征

构建低碳电力系统，是低碳时代实现可持续发展的战略选择。而只有实现发电、电网、用电各个环节的低碳化发展，才是真正意义上的低碳电力系统。所以，构建低碳电力系统应围绕发电侧、电网侧和用电侧三个环节入手，具体路径如下：

（1）实现发电侧的低碳化发展，其路径应包括以下四个方面：①大力促进可再生能源的开发，积极推进清洁能源电厂的建设；②着重发展可再生能源接入技术以及谐波控制技术，有效解决可再生能源发电出力不稳定、间歇性问题，提高可再生能源并网发电的比重；③加快推进大容量储能装置的研制，以及在可再生能源发电中的广泛应用；④对传统燃煤电厂安装碳捕捉与封存装置，减少 CO_2 的直接排放。

（2）要实现电网侧的低碳化发展，其路径包括以下三个方面：①加快推进智能电网建设，为电网吸纳可再生能源提供技术支撑，实现可再生能源的大规模并网发电；②积极构建智能调度与分析系统，实现对传统火电、核能以及风电、太阳能等新兴可再生能源发电出力的统一智能调度和管理；③大力发展高温超导输电技术，柔性输配电技术，配电自动化技术等低碳输配电技术，建设“高效、节能、低碳”的输配电网络，从而减少输配电损耗。

（3）要实现用电侧的低碳化发展，其路径应包括以下三个方面：①实施需求侧管理机制，减少峰时段用电，降低电网负荷峰谷差；②加强用电管理，提高智能化用电装置的普及率，实现用电方式的优化以及终端用电效率的提高；③实行灵活电价措施，发挥价格杠杆作用，使用户能够根据自身实际需要而选择不同的用电方式，在满足用户用电需求的同时，降低对电能的总需求，从而降低对火力发电机组容量的投资。

综上，发电侧未来发展目标是大力发展低碳能源，逐步降低高碳能源的比重，实现电力生产的“高效、低碳、清洁”；电网侧未来发展目标是通过发展智能电网，以及柔性输电、高温超导输电等先进输电技术，建设“高效、节能、低碳”的输配电网络；用电侧未来发展目标强调用电的灵活性、可选择性，致力于实现终端用电的低碳化、智能化和互动化。因此，低碳电力系统的不同环节都致力于实现电力系统的“高效、清洁、智能化”发展，这是低碳电力系统的最本质特征。

二、低碳电力系统效益形成机理

（一）组成要素

（1）碳排放结构分解与影响因素。发电作为电力生产环节，是电力行业碳排放的最主要源头，尤其是火力发电机组。某一地区发电环节的碳排放量主要是由该地区火电机组所发电量和碳排放系数共同决定的，其中火电机组所发电量由区内总发电量、低碳电源装机比重和低碳电能利用效率三者共同确定。根据电力消费供需平衡，区内总发电量等于地区内电力消费量与区外送电量之和减去区外送入电量。因此，发电环节的碳排放量主要由区内电力消费量、地区外送电量、区外送入电量、低碳电源装机比重、低碳电能利用效率和碳排放系数六大因素共同决定。

（2）电网环节碳减排结构分解与影响因素。电网环节作为连接发电侧和用电侧的枢纽，不会产生直接的碳排放，但输配电损耗的下降等同于削减发电侧所发电量，同样可以减少 CO_2 的排放。先进输配电技术的应用不仅提高了电网传输电能的效率，还降低了电能传输过程的损耗。同时，根据不同电源的碳排放特性，实行节能发电调度方式能够有效提高低碳电源的上网电量，从而提高低碳电源的发电比重。因此，电网环节的间接碳减排量主要由先进输电技术、电能传输效率、电网调度方式、碳排放系数四个因素共同决定。

（3）用电环节碳减排结构分解与影响因素。高效、清洁、安全的电能利用方式是用电侧减少用电需求、降低 CO_2 排放的重要手段。在用电侧实施需求侧响应机制、智能用电方式，使用户参与到电价形成的市场行为中，并根据实时电价决定自身的用电方式，这有助于降低系统的总电力需求，也相当于降低了发电侧的直接碳排放。与传统燃油汽车相比，电动汽车在使用过程中接近零碳排放，并且随着电动汽车市场规模的不断扩大，将会产生非常可观的碳减排量。因此，需求侧响应机制、智能用电方式、电动汽车的发展是用电侧碳减排的主要影响因素。

（二）低碳电力系统效益的形成机理分析

建设低碳电力系统产生的效益主要包括碳减排效益、经济效益和社会效益，是综合性效益。导致碳减排效益形成的最核心因素在于技术与政策两个方面，而这同样是导致低碳电力系统经济效益形成的原因。

技术的提升是驱动碳减排效益和经济效益形成的主要因素：清洁发电技术、储能技术的发展使电力生产过程的碳排放量大大下降，形成显著、直接的碳减排效益：先进、高效输电技术的发展可降低输配电过程中的电能损耗；需求侧响应的实施优化了用户的用电决策，从而减少用户的电费支出。

政策的引导也大大促进了碳减排效益、经济效益的形成，如可再生能源并网、电动汽车发展的支持政策等。

社会效益的形成主要是由技术与政策对社会的强烈辐射效应引起的，如智能电网的建设不仅能提高土地利用率、降低铁路运煤的伍力，还会拉动相关制造业的发展、拉动就业、提高社会就业率等。

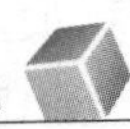

三、低碳电力系统的效益评估

（一）低碳电力系统效益的结构

低碳电力系统的效益根据电力生产、消费的顺序横向可以分为发电侧、电网侧和用电侧等多个环节的效益。显然，低碳电力系统的建设还会对全社会产生一定的影响，形成社会效益。从纵向角度看，每一部分的效益又可以进一步进行细分，分解成多个子效益。发电侧的效益基本包括：

（1）促进可再生能源（主要包括风电、光伏）大规模并网发电与清洁能源（主要包括水电、核电）开发利用带来的综合效益。可再生能源与清洁能源替代火力发电不仅可以节约电煤消耗量，还能大幅削减大气污染物的排放，带来显著的碳减排效益和节能经济效益。

（2）需求侧响应机制的实施可能推迟或延缓发电侧电源装机，减少发电装机投资，从而带来可观的经济效益和碳减排效益。

（3）电力系统备用容量得到充分释放引起的容量利用率提高，具有一定的经济效益。

（4）火电负荷率提高引起的燃煤机组发电煤耗下降能同时带来碳减排效益和经济效益。

对于电网侧而言，构建低碳电网，将全面升级输配电网基础设施，优化提升电网驾驭大规模复杂电力系统的能力，促进电网运行管理和企业经营管理水平的进一步提高，帮助电网企业不断提升运营绩效。主要有以下几方面的效益：

（1）电能传输效率提高，降低线损，可以带来节能经济收益和碳减排效益。

（2）需用户与配电侧资源的主动响应可以提高系统运行的平稳性，提高负荷率，增加电网设备资产的使用效率和寿命，减少系统故障率，并在紧急状况下为系统提供有力支撑，从而降低电网运营和建设成本。

（3）需求侧响应机制的实施能够削减系统最大用电负荷，拉低峰谷差，减少变电容量投资，从而为电网公司带来可观的经济效益。

对于用电侧，通过实施需求侧响应机制和推广先进技术和高效设备，不仅能够提高终端用电效率，还能降低用电需求，带来一定的电费节约效益。另外，以电动汽车为代表的绿色交通工具的发展是未来拉动电力需求，减少对石油依赖的一个重要战略点，不仅能够减少碳排放带来碳减排效益，还能为用户带来一定的燃料替代效益。

对于全社会，电力行业作为全社会众多行业中的一个单元，与其他行业有着紧密的联系。特别是智能电网的建设将有力带动相关产业的发展，促进技术升级，提高社会就业率，同时还能节约土地资源，提高土地资源利用率以及减轻铁路电煤运输压力。

（二）低碳电力系统效益的评估方法

1. 动态效益评估方法

由于低碳电力系统建设是一个周期性很长的工程，在建设过程中随着国家环保政策、电价政策等因素的变动，都会对低碳电力系统的长期动态效益产生影响。传统的动态效益评估方法主要有分项求和模型法、整体模型法等。

分项求和模型法的基本思想是将低碳电力系统按不同环节进行分割，分别评估每一模块的动态效益，然后逐项累加汇总得到低碳电力系统的总动态效益。应用该方法评估低碳电力系统的动态效益存在明显的缺陷，因为低碳电力系统内部不同环节间具有紧密的联系，无法将其简单分割，否则会降低动态效益评估的准确性。

整体模型法对动态效益的考虑往往不全面，并不能包容低碳电力系统能够实现的全部动态效益。所以，分项求和模型法与整体模型法在评估低碳电力系统动态效益方面都存在一定的缺陷和不足，需要寻求新的模型与方法。

2. 系统动力学方法

由于低碳电力系统动态效益涉及的环节和需要考虑的因素众多，并且许多指标和参数都带有一定的不确定性，因此，具有系统性和动态性特征的系统动力学方法非常适合于低碳电力系统动态效益的评估。而且该方法既能综合考虑低碳电力系统不同环节间的内部联系，又能全面地评估低碳电力系统每一方面的效益，有效弥补了分项求和模型法与整体模型法存在的不足。

（1）系统动力学简述。系统动力学（System Dynamics，SD）是由 Jay W Forrester 教授创立的一门分析研究信息反馈系统的学科。从系统方法论来说，系统动力学是结构的方法、功能的方法和历史的方法的有机统一。它基于系统论，吸收了控制论、信息论的精髓，是一门横跨自然科学和社会科学的横向学科。

（2）SD 模型的功能。SD 模型的模拟分析是一种结构-功能的模拟，用图形化的结构语言来表述系统不同变量间的因果关系，并辅以定性或半定性的描述。系统动力学的基本结构是耦合系统状态、速率和信息的一阶反馈回路。而系统动力学因果关系图是表示系统反馈结构的重要工具，因果图中包含多个变量，变量之间由标出因果关系的箭头所连接。

（3）SD 模型构建流程。与其他分析模型工具相比，系统动力学方法更适合于动态的、复杂程度高且数据带有不确定性等问题的分析。它最大特点是不依赖于历史数据，并且能将不同子系统与不同影响因素同时纳入分析、考虑。

运用系统动力学建模，其过程大致可分为以下几个步骤：

第一，识别所要研究的问题，即研究对象，对所研究的问题清楚地加以识别，并给出研究目标的定性化描述。

第二，开发系统假设。在识别研究问题后开发出一个推测性的、具有相互关联性的系统动力学结构图。

第三，构建规范的系统数学模型，即将变量间的因果关系用反馈图予以表现。

第四，发展模型，此阶段主要是对模型进行仿真测试，并不断的修改、完善模型。

第五，检验评估模型的可信度。在完成模拟仿真后，检验仿真结果是否科学合理，所构建的模型是否可信。

第二节　PEV 价格响应机制与电力系统效能

一、概述

插入式电动汽车（PEV）近年来发展迅速，2012 年全世界 PEV 销量超过 12 万辆，建成充电站 45000 个。PEV 的发展离不开电网的支持，V2G 技术描述了一种车辆与电网之间的新互动模式。PEV 充电时同一般的用电负荷一样，而在某些情况下又可作为储能设

备向电网放电，以实现电池和电网之间有控制的互动。

通过使PEV在低电价时段充电，在高电价时段售电给电网，PEV用户可以获利，同时也减轻了电网的运行压力。目前大部分关于PEV负荷需求的研究通常是先预测PEV的数量，进而估计PEV电力需求以及含PEV的新的峰负荷和谷负荷。还有些研究细致分析了影响PEV需求的诸多因素并建立了负荷统计模型。在PEV价格响应方面，许多学者利用价格信号引导PEV的行为以实现削峰填谷，采用价格弹性理论进行分析。PEV的价格响应，并采用分时电价策略影响PEV用户的充电行为，实现了电网和PEV用户的双赢。

引入经济学、心理学中的参考价格理论、前景理论来研究PEV用户的价格响应，结合PEV出行特性，建立PEV的价格响应模型，然后利用蒙特卡洛仿真模拟PEV负荷。最后采用日前能量市场经济调度模型，探究电价和PEV负荷的相互影响、PEV负荷对购电费用和峰谷差率的影响等。

二、基于参考价格理论和前景理论的PEV价格响应模型

（一）价格因素

1. 未考虑价格因素的PEV电力需求

若不考虑电价的引导因素，那么影响PEV电力需求的因素为电池容量、充电设施的分布和等级以及用户习惯等。在估计PEV负荷时通常做如下假设：

假设1：PEV每日只在相对固定的时间段充放电，起始时间在充放电时间段内呈均匀分布。

假设2：PEV同传统的内燃机汽车有相似的日行驶里程，可通过行驶里程数据估计PEV的能量消耗进一步估计其待充电量。

假设3：对充电时长无限制，一旦开始充电便直到充满（SoC＝100%）为止，且无论行驶或者放电SoC都不得低于最低值SoC_{min}。

按照以上几点假设仿真出的PEV负荷通常有以下特点：①00：00—07：00，充电负荷高，这是由于PEV在该时段集中充电；②在10：00—21：00的负荷高峰时段有较高的放电负荷；③PEV负荷与电价无关。

以上仿真具有一定的局限性，尤其是假设固定的充放电时段和无限制的充电时长不够符和实际。并且PEV是一种价格敏感型（Price Sensitive，PS）负荷，其负荷将随着价格的变化而变化。但不同于一般PS负荷，PEV负荷的价格响应还需考虑SoC的限制以及出行计划的限制。

2. 基于参考价格和前景理论的PEV负荷价格响应模型

为模拟PEV在SoC和出行计划的约束下对电价的响应行为，首先采用NHTS2009的数据来确定PEV的出行习惯（假定PEV出行习惯同以往的内燃机汽车）。在模拟出行习惯的基础上，采用参考价格和前景理论来模拟PEV对价格的响应。

（二）出行影响及价格理论

1. PEV的出行习惯

NHTS2009是目前美国交通部最新一版的出行调查报告。据NTHS2009统计，一般通勤车辆平均时速为27.50英里，假设日常出行的速度也满足同样的分布，那么每次出行

平均时间不超过1h，得到1辆车在某时刻在行驶的概率，如8：00出行的概率是20%，那么闲置的概率就是80%。

2. 参考价格理论

传统的负荷预测认为用户的电力需求是刚性的。但是随着发电侧市场的开放以及未来智能电网中用户侧市场的逐渐开放，电力系统需要站在用户的角度去预测负荷。在分时电价或者实时电价的情境下，用户可以响应电价信号将高峰时段的用电转移至低谷时段以节省电费开支。

参考价格理论是社会心理学和经济学的结合。长期的研究表明，在购买商品时，消费者通常使用某种标准去衡量该商品的售价，而不是仅仅关注于绝对价格。比较的结果决定着感知价格的水平并影响着消费者的购买决定，比较的标准就叫做参考价格（RP）。参考价格可以进一步被分为内部参考价格（IRP）和外部参考价格（ERP）。某种品牌的IRP来自于消费者对过去价格的记忆，是过去购买价格的指数平滑值。

IRP模型为

$$\mathrm{IRP}_{\mathrm{iHt}}=\beta_{\mathrm{AE}}\mathrm{Pr}_{\mathrm{iceiH}(t-1)}+(1-\beta_{\mathrm{AE}})\mathrm{IRP}_{\mathrm{iH}(t-1)} \tag{3-1}$$

其中，$0\leqslant\beta_{\mathrm{AE}}\leqslant1$，体现了过去价格对IRP的近因效应。以往的研究显示β_{AE}的范围是0.60～0.85。

3. 充放电的效用价值函数

前景理论也叫预期理论，是心理学及行为科学的研究成果，由卡尼曼和沃特斯基提出，通过修正最大主观期望效用理论发展而来的，是描述性范式的一个决策模型。其价值函数有三个特征：一是大多数人在面临获得时是风险规避的；二是大多数人在面临损失时是风险偏爱的；三是人们对损失比对获得更敏感。可借用前景理论中的价值函数来衡量某时刻电价给用户带来了价值效用，其中参考点即为参考价格。

（1）只考虑价格因素的充放电价值效用。一辆不在行驶的PEV在某一时刻有三种选择：充电、放电、待命。PEV每小时开始时决策1次是充电、放电还是待命。充电的效用价值表述如式（3-2）：

$$V_{\mathrm{chg},t}=\begin{cases}(\mathrm{IRP}_{\mathrm{chg},t}-\mathrm{price}_t)^{\alpha},\mathrm{IRP}_{\mathrm{chg},t}\geqslant\mathrm{price}_t\\-\lambda(\mathrm{price}_t-\mathrm{IRP}_{\mathrm{chg},t})^{\beta},\mathrm{IRP}_{\mathrm{chg},t}\geqslant\mathrm{price}_t\end{cases} \tag{3-2}$$

对于放电，则正好相反，如式（3-3）：

$$V_{\mathrm{dischg},t}=\begin{cases}(\mathrm{price}_t-\mathrm{IRP}_{\mathrm{dischg},t})^{\alpha},\mathrm{price}_t\geqslant\mathrm{IRP}_{\mathrm{dischg},t}\\-\lambda(\mathrm{IRP}_{\mathrm{dischg},t}-\mathrm{price}_t)^{\beta},\mathrm{price}_t\geqslant\mathrm{IRP}_{\mathrm{dischg},t}\end{cases} \tag{3-3}$$

对于待命状态，则无获利也无损失，用式（3-4）表示：

$$V_{\mathrm{neither}}=0 \tag{3-4}$$

式中：$V_{\mathrm{chg},t}/V_{\mathrm{dischg},t}$为$t$时刻的充/放电价值函数；$\mathrm{IRP}_{\mathrm{chg},t}/\mathrm{IRP}_{\mathrm{dischg},t}$为$t$时刻充/放电参考价格；$\mathrm{price}_t$为$t$时刻电价；$\alpha$、$\beta$为风险态度参数；$\lambda$为风险规避参数。

（2）考虑SoC和出行计划的充放电概率函数。SoC和出行计划会在某种程度上影响价格因素带来的价值效用。如当前电价低于充电参考价格，但是该PEV的SoC已经接近100%，那么PEV也无法接入电网充电。考虑SoC及出行计划的修正充放电价值函数的具体的建模思路为：

1）当SoC值适中（如SoC=0.7）且距离下次出行前还有充足的时间（假设$T_{left}>3h$为时间充足），SoC与出行计划对于充放电概率无影响。

2）$T_{left}>3h$且$SoC \geqslant SoC_{min}$，出行计划对于充放电概率无影响。SoC越低，充电的概率越高；反之SoC越高，放电的概率越高。

3）SoC=1.0时，充电概率为0；$SoC \leqslant SoC_{min}$时，放电概率为0。

4）$SoC \leqslant SoC_{min}$且$T_{left} \leqslant 3h$，PEV充电概率因受到出行计划的约束而上升，放电概率为0。

按照以上思路，考虑SoC的充放电概率构造方法如式（3-2）～式（3-10）：

$$V_{chgnew,t} = e^{V_{chg,t}}(e^{1-SoC} - 1) \tag{3-5}$$

$$V_{dischgnew,t} = e^{V_{dischg,t}} \max[(e^{SoC-SoC_{min}} - 1), 0] \tag{3-6}$$

$$V_{neithernew,t} = e^{V_{neither,t}} = 1 \tag{3-7}$$

定义t时刻的充电、放电以及待命的概率分别为$P_{chg,t}$，$P_{dischg,t}$，$P_{neither,t}$，且：

$$P_{chg,t} + P_{dischg,t} + P_{neither,t} = 1 \tag{3-8}$$

$$\begin{cases} P_{chg,t} = \dfrac{V_{chgnew,t}}{V_{chgnew,t} + V_{dischgnew,t} + V_{neithernew,t}} \\ P_{dischg,t} = \dfrac{V_{dischgnew,t}}{V_{chgnew,t} + V_{dischgnew,t} + V_{neithernew,t}} \\ P_{neither,t} = \dfrac{V_{neithernew,t}}{V_{chgnew,t} + V_{dischgnew,t} + V_{neithernew,t}} \end{cases} \tag{3-9}$$

当$SoC \leqslant SoC_{min}$且$T_{left} \leqslant 3h$时：

$$\begin{cases} P_{chg,t} = 1/T_{left} \\ P_{dischg,t} = 0 \\ P_{neither,t} = 1 - P_{chg,t} \end{cases} \tag{3-10}$$

式（3-10）表明在此种情况下，充电概率受到出行计划的约束而上升，且放电概率为0。

（三）PEV负荷仿真

结合PEV负荷价格响应模型，采用蒙特卡洛方法模拟PEV负荷对于价格的响应，具体仿真模拟过程如下：

（1）初始化电价曲线及N台PEV的充放电初始IRP，根据PEV出行习惯的统计数据随机PEV一日3次出行的起始时刻，每次出行的里程并得到每次行驶的耗电量。

（2）计算PEV空闲时间（即两次出行之间的时间间隔，仍假设每次出行不超过1h）。空闲时间段即为充放电决策时间段。

（3）从第1个空闲时刻t开始，计算$P_{chg,t}$，$P_{dischg,t}$，$P_{neither,t}$随机该时刻的决策，并更新该PEV的SoC和IRP。

（4）重复步骤（3）直到所有空闲时段结束。

（5）计算N台PEV的日负荷。

三、考虑PEV价格响应的日前能量市场经济调度模型

目前电力市场的现货交易主要采取两种结算方式：一种是按照最后入围机组的报价作

为统一出清电价（MCP）；另一种是按发电商报价结算（PAB）。

以采用MCP方式为例，并忽略ISO的输电费用和阻塞费用。在不考虑负荷的价格响应时，日前调度模型即为按预测负荷进行能量调度。将PEV负荷作为价格的函数加入日前市场购电模型的负荷平衡约束中，模型构造如式（3-11）～式（3-13）：

$$F_{\mathrm{M}} = \min \sum_{t=1}^{24} \sum_{j=1}^{NG} C_{\mathrm{OM},t} P_i I_{i,t} \tag{3-11}$$

$$C_{\mathrm{OM},t} = \min[C_{01}(P_{1,t}), C_{02}(P_{2,1}), \cdots, C_{0N}(P_{N,t})] \tag{3-12}$$

$$\begin{cases} \sum_{i=1}^{NG} I_{i,t} = P_{\mathrm{D},t} + P_{\mathrm{PEV},t}(C_{\mathrm{OM}}) \qquad P_{i,\min} \leqslant P_{i,t} \leqslant P_{i,\max} \\ P_{i,t} - P_{i,t-1} \leqslant [1 - I_{i,t}(1 - I_{i,t-1})]R_{i,\mathrm{up}} + I_{i,t}(1 - I_{i,t-1})P_{i,\min} \\ P_{i,t-1} - P_{i,t} \leqslant \{1 - I_{i,t-1}[1 - I_{i,t}(1 - I_{i,t})]\}R_{i,\mathrm{down}} + I_{i,t+1}(1 - I_{i,t})P_{i,\min} \\ (i = 1, 2, \cdots, NG) \end{cases} \tag{3-13}$$

式中：C_{0i}（$P_{i,t}$）$=\alpha_i P_{i,t}+\beta_i$为第$n$台机组的报价函数；$F_{\mathrm{M}}$为总购电费用；$P_{i,t}$为机组$i$在$t$时刻的出力；$C_{\mathrm{OM},t}$为$t$时刻的MCP；$P_{\mathrm{D},t}$为$t$时刻的常规负荷；$P_{\mathrm{PEV},t}$（$C_{\mathrm{OM},t}$）为$t$时刻的PEV负荷，是关于价格$C_{\mathrm{OM},t}$的函数；$P_{i,\min}$、$P_{i,\max}$为机组$i$的出力上限、下限；$R_{i,\mathrm{down}}$、$R_{i,\mathrm{up}}$为机组$i$的向上和向下爬坡速率；$I_{i,t}$为第$i$台机组的状态，1为开机，0为关机。

在制订调度计划时，首先系统必须安排机组的启停状态。该机组组合结果是在假设PEV负荷完全符合常规负荷预测曲线时得到。

假设PEV负荷对于价格响应的结果不会再影响到机组组合结果，在模拟PEV负荷价格响应模型与日前调度结果的相互影响时，不再求解新的机组组合。

模拟PEV负荷价格响应模型与日前调度结果的相互影响的程序流程如下：

（1）初始化，输入机组相关参数、常规负荷预测数据、机组启停状态等。

（2）假设PEV负荷符合常规负荷预测曲线，使用动态规划算法得到机组组合结果。

（3）设置Count=1。

（4）求解日前购电模型：Powerpurchase($\mathrm{PEVLoad_{count}}$)，输出购电策略和日前出清价格$\mathrm{Price_{count}}$，转（5）。

（5）若Count=1，直接转（6），否则判断：max($\mathrm{Price_{count}}-\mathrm{Price_{count-1}}$）＜0.1美元/(MW·h)，若成立，则跳出，转（8），否则转（6）。

（6）调用PEV价格响应模型$\mathrm{PEV_{pr}}$($\mathrm{Price_{count}}$）得到电价$\mathrm{Price_{count}}$下的PEV负荷PEV-$\mathrm{Load_{count+1}}$，转（7）。

（7）Count=Count+1，转（4）。

（8）输出$\mathrm{PEVLoad_{count}}$、$\mathrm{Price_{count}}$以及日前调度结果和总费用等。

四、仿真结果

（一）PEV价格响应仿真

仿真中采用的数据如下：

（1）仿真采用上海目前公布的3批示范车型中第1批车型的Springo SGM7001EV参数（见表3.1）。

表3.1　**Springo SGM7001EV参数**

车　型	产品型号	行驶里程/km	电池容量/(kW·h)
Springo	SGM7001EV	160	21.4

（2）国家电网公司采用的交流充电桩规格为220V/5kW或7kW，另有少数15kW以及25kW以上的充电机。

采用220V/5kW交流充电桩仿真，利用PEV负荷价格响应模型，模拟10000辆PEV在电价引导下稳定后的日负荷曲线及SoC、IRP_{chg}、IRP_{dischg}的分布，采用PJM某日的实时电价。

将IRP_{chg}和IRP_{dischg}的初值设为该条电价平均值，每辆PEV的SoC初值设为100%，充放电功率都设为5kW，充放电效率设为0.9。其余参数设置：$\alpha=0.88$，$\beta=0.88$，$\lambda=2.25$，$SoC_{min}=0.4$。

仿真模拟结果为：PEV负荷跟随电价的变化，在夜间3：00充电达到高峰，此时正好是价格的最低点。白天的充电负荷较低，仅在下午15：00左右电价较低时有少量的充电负荷。在晚间20：00有较高放电负荷，此时正是电价的高点。

（二）日前市场购电模型的求解结果

仿真数据为日前市场调度基于1个典型的10机系统，所使用的负荷预测数据（不包括PEV负荷），各机组报价数据。

10000辆PEV的仿真结果为：电价早高峰时PEV负荷有少量放电，白天的PEV充电负荷集中在电价较低的15：00—17：00，但总体充电量较夜间电价低谷时低很多。电价晚高峰时段19：00—20：00 PEV对电网放电。23：00为充电高峰的原因由于先前的放电导致SoC降低且23：00电价又正好是低点。另一个充电高峰出现在夜间电价低谷的2：00—5：00。10000辆PEV的充电功率最大约23MW，放电功率最大约12MW。

（三）不同数量PEV下的结果对比

综合比较不同数量PEV下的结果，见表3.2。

表3.2　**不同数量PEV下的比较**

项　目	购电成本/美元	峰谷差率/%
无PEV	1467573.88	52.67
5000辆PEV	1471438.66（↑0.26%）	51.94（↓1.38）
10000辆PEV	1475898.90（↑0.57%）	51.22（↓2.75）
20000辆PEV	1486605.66（↑1.3%）	49.78（↓5.48）

在固定的机组组合下，随着PEV数量的上升，系统调度费用有一定上升，但是上升速度与整体负荷增加相比而言则显得较小，这是由于PEV负荷主要增加了低价时段的购电量，降低了高价时段的购电量。峰谷差率上，随着PEV数量的上升，系统总的峰谷差率不断降低，如果能进一步通过奖励政策等刺激PEV放电，将会有更好的削峰效果。同

时，随着 PEV 数量上升，对 MCP 的影响也会越发明显，其削峰填谷的作用，可以在一定程度上抬高低谷电价，降低峰时电价。

五、本节小结

PEV 是一种可以响应价格信号的价格敏感负荷，在满足出行计划的前提下，车主可以自主地结合当前电池的 SoC 和电网的电价水平进行充放电决策。

结合 PEV 的行驶特性以及经济学中的参考价格理论和前景理论，可以建立 PEV 价格响应模型并进行仿真计算。仿真结果显示，充、放电参考价格会逐渐形成稳定的分布并且充电负荷会集中在低电价时段而放电负荷会集中在高电价时段。

将 PEV 负荷需求作为电价的函数，可以分析 PEV 负荷价格响应对于日前市场经济调度结果的影响。10 机系统上的仿真计算显示，PEV 负荷的价格响应结果不断影响日前经济调度结果，最终得到稳定的出清价格曲线以及相应的 PEV 负荷曲线。对比不同数量的 PEV 对系统调度的影响，在固定的机组组合下，随着 PEV 数量的上升，系统总的峰谷差率不断降低，而相比于负荷的增加而言，购电费用的上升则较小。同时，随着 PEV 数量上升，PEV 负荷的价格响应对市场出清价格（MCP）的影响也会越发明显，其削峰填谷作用会在一定程度上抬高低谷电价并降低峰时电价。

第三节　智能电网的环境效益

一、智能电网环境效益概述

（一）国外智能电网发展状况

智能电网就是在物理电网的基础上，将先进的传感测量技术、通信技术、信息技术、计算机技术和控制技术与物理电网高度集成而形成的新型电网。智能电网能够完全满足终端消费者对电力的需求，并对资源优化配置，同时可以保证电力供应系统的安全性和保证电能的优质可靠，同时兼具经济性，能够满足环保需求，是一种以推进电力的市场经济化发展为目的，以实现用户互动反馈和即时友好的服务为目标的电网智能化建设方式。智能电网具有网络坚强、自愈性好、兼容性强、兼具集成优化等特征。

开展智能电网研究比较早的美国和欧洲各国如今已形成较为完善的研究体系。由于各国所处的具体发展阶段不同、资源环境情况不同，对于智能电网其研究关注的重点和建设的目的也不尽相同。美国研究的重点在于电力网络的改造，希望通过电网智能化建设提高电能利用率，同时试图用人工智能代替传统人工模式，电网建设的重点是提升当电网遭受干扰时的自愈能力。欧洲国家主要是为了降低环境污染而开展电网智能化研究，其研究重点集中于清洁能源接入和通过智能电网带动整个行业经济发展模式的转变两部分，分布式能源联网和可再生能源并网是欧洲国家研究重点。

（二）国外智能电网环境效益评价体系概述

为更好地衡量智能电网建设所处的阶段状态，以及为更好地认识智能电网对国家和社会带来的投资效益和影响，需要一个有效的电网评估指标体系。

美国和欧洲各国对于智能电网的研究建设开展较早，目前已经在智能电网的运行

管理方面和效益电网评价形成了较为完善的研究系统。基于智能电网的发展前景，许多国家、研究院甚至世界知名公司将建立智能电网效益评价体系作为下一步的研究重点。

普遍认为，最初的智能电网效益评价模型是美国三要素评价法。在智能电网效益评估方面，此方法的作用主要表现在以下两方面：

（1）为了跟踪智能电网发展情况，及时对电网智能化建设中需要改进的方面采取快速正确的措施，让智能电网的建设能够继续沿着正确的方向前进。

（2）为了预测未来的发展情况，帮助设立恰当的基准和目标，及时了解建设情况与目标的差距，有利于更加快速积极的发展智能电网。

在满足上述目的基础上，美国提出了智能电网的三要素评估模型，如图 3.2 所示。

三要素评价法的核心是智能电网的核心价值，这是智能电网区别于传统电网最重要的特征。若要知道智能电网的核心价值，首先要了解智能电网建设有哪些利益相关者。

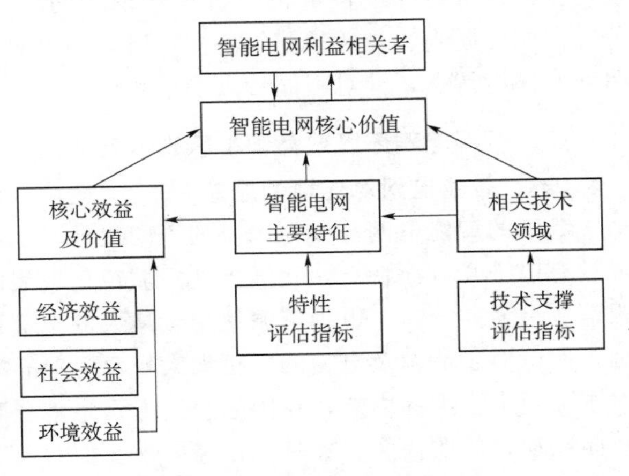

图 3.2　美国智能电网三要素评估模型

（资料来源：张晓宇．智能电网环境效益研究［D］．哈尔滨：哈尔滨工业大学，2013.）

（三）国内智能电网发展状况

智能电网的中国化定义还在不断探索中，国家电网公司和南方电网公司提出“坚强智能电网”的概念。其中，“坚强”主要体现在以特高压电网作为主要网络构架，“智能”主要表现为以数字信息化等手段协调各级电网发展，并提供稳定可靠的电力供应；以自动系统化运行来提高能源利用水平，促进节能减排和经济的绿色发展；以友好互动的系统模式满足用户需求，提供优质即时性服务等方面。智能电网作为一种社会互动性的系统工程，最终目的是最大限度地提高电网自身效益和电网的社会效益。我国在输电网建设、控制系统新技术、可再生能源发电和电网效益评价等方面的研究都有较为显著的进展。

智能电网建设可行性研究由华东电网公司于 2007 年率先展开，并规划了“三步走”的发展目标，第一阶段是从 2008 年开始，工作重点是建设数字化变电站、整合提升系统、完善规划体系、建设统一信息标准平台。

（四）国内智能电网环境效益评价体系概述

我国正在积极推进电网智能化发展，以国家电网公司为代表的许多电力企业都已经开展了与智能电网相关的研究和实验工作，在智能电网评估指标方面也进行了初步的研究，其中以“两型”评价指标体系和电网发展指标体系为代表。“两型”评价指标体系包含措施性指标和效果性指标两大类，具体评价指标体系见表 3.3。此外，还有电网发展评价指标体系和其他评价体系。

表 3.3　“两型”评价指标体系

指标类别	分类	具体指标
措施性指标	规划阶段	电源集约化、电网规模化、输变电先进技术应用
	建设阶段	标准化建设、优化设计、环境保护
	运行阶段	调度运行、技术改选、需求侧管理
效果性指标	资源节约	节约建设规划、节约能源、节约土地资源、节约设备材料
	环境友好	减排、环境治理

资料来源：国网北京经济技术研究院．“两型”电网指标体系研究［R］．北京：国网北京经济技术研究院，2007.

值得注意的是，一项工程对环境的影响是多方面的，难以将所有对环境造成影响的因素均作为评价指标进行量化分析是不现实的。评估指标具有科学性、可操作性、相对完备、主成分原则、灵活独立等特性，所以如果对智能电网环境效益进行科学评价，首先应明确其环境特点，针对不同特点确定相应的评价指标。

二、智能电网环境效益评价因素及方法

（一）智能电网对环境的效益

我国的智能电网与其他国家的不同之处，主要是由于环境因素造成的。我国的电力环境具有以下几方面特点：我国正处于城镇化发展阶段，对电力需求上升速度非常快；资源跟消费呈逆向分布，电力资源使用量最大的东部地区与资源储备量丰富的西部地区距离很远，所以对于能源及电力的长距离大规模运输有很高的要求；资源消耗以煤为主，这不仅对于环境有很大的影响，在国际政治方面也承受着巨大压力；信息化快速发展，用户对于双向互动，优质快速服务具有很高要求。面对电力需求量的大幅上升，煤炭资源稀缺，环境污染严重等问题，若继续发展传统电网不仅会将严重制约清洁能源发电装置的大规模使用，并且难以满足人们在生活生产中的电力需求，从而制约经济社会的发展。而建设智能电网可以解决上述问题。

目前，我国清洁能源发展正面临着一系列的挑战。例如，水电开发受到生态环境、移民等问题的制约；风电发展缺少统一的规划、统一的标准，尤其是目前风电因其建设周期短、投产较快的特点，投资主体多，这导致风电发展与调峰电源建设、与电网工程建设不配套、不协调，同时风电的并网、输送、消纳以及运行控制等问题也日益突出；随着太阳能发电发展的快速进行，类似问题也可能出现。清洁能源的发展对电网建设提出了更高要求。据研究表明，智能电网能够以其强大的能源接纳承载能力和智能化的输送及控制系统，在未来解决上述的难题。

智能电网建设还能够有效提高能源利用效率。建设坚强的电网结构是中国化智能电网发展的主要内容之一。智能电网的建设不仅有利于优化电源结构，实现间歇性能源的并网使用，提高煤炭使用效率，也有利于提高能效，充分发挥其资源配置平台功能，通过大规模输电减少损失，接纳清洁能源，推进电动汽车发展等。

从长远发展来看，智能电网的建设能够满足用户多样化的需求，通过双向互动，提高电网用户侧的能源利用效率，提高电能质量和可靠性，从而引导并改变人们的能源消费使用习惯，提高能源利用效率。

从狭义上讲，智能电网的环境效益指工程建设直接带来环境效益，广义的环境效益在上述基础上，还包括工程环境效益带来的对于电网投资的经济环境的影响，对于社会可持续发展的促进。普遍认为智能电网的环境效益主要包括直接环境效益和间接环境效益两方面。

一项经济活动的外部性效应会以经济损失的形式转嫁给社会。若一项工程的构建，能够节约能源降低污染气体排放，避免了因环境污染带来的社会性经济损失，即可认为是该工程节约的环境经济化价值，即工程的环境效益。也可被认为是该工程的节能减排效益，即直接环境效益。

智能电网的直接环境效益是指，在满足电力需求的基础上，通过提高煤炭利用效率减少化石燃料的使用和分布式能源以及清洁能源并网减少的污染气体排放带来的效益。

间接环境效益通常认为是伴随经济社会发展带来的对于发展的可持续性方面的压力，在电网建设上体现在：一定限度内提高单位能源的利用率，提升电能稳定性减少的故障损失，减少土地使用，引导企业生产环保转型，引导消费者绿色消费观等方面。

（二）智能电网环境效益分析因素

（1）环境效益评价概念。环境效益评价是指为了特定的目标，相关人员采用科学的评价方法，依据相关的标准和科学化的程序对那些因环境影响所导致的损失进行经济化、货币化的计量过程。具体来说，就是评价主体如何获取有关客体信息以及采用何种评价方法对这些信息进行处理，是探求被评价环境影响实际价值的过程，是主观评价与客观计算的统一。

（2）环境效益评价要素。环境评价具有如下基本要素：

1）评价主体。环境效益评价人员必须具备一定的环境、经济和管理的基础知识，并了解市场经济体制下的经济运行规律。

2）评价客体。本书中涉及评价客体为中国化智能电网的环境效益。评价客体既要考虑被评价时的现时经济价值，同时也要考虑环境影响的过去和未来状况。

3）评价目的。环境效益评价的目的必须十分明确，只有明确了目的，才能采用适当相应的方法来进行评估。对电网智能化建设的环境效益进行评估，目的在于全面、真实地反映智能电网构建带来的环境效益，并提出建议，为以后研究及电网投资提供基本的参考。

4）评价标准。环境效益评价必须执行统一的标准，采用国家发布的能源标准和国家电网公司对智能电网规划数据对将智能电网各方面环境效益经济化计算。

5）评价程序。环境效益评价按照建立评价模型—实证验证—反馈的程序进行，才能保证信息获得的客观性、科学性和可接受性。

6）评价方法。环境影响经济评价必须采用科学的评估方法。目前主要方法有传统市场评价法、替代市场评价法、假想市场法。应根据不同的评估对象和评估条件做出相应的选择。

（三）智能电网环境效益评估方法选择

智能电网建设在我国刚刚起步，对其环境效益的研究还处于空白期，公众对电网智能化的了解程度较低，若采用假想市场法，可能会由于难于选取对项目了解程度高、有效的代表性样本人群而对评价结果造成偏差。又因为电网智能化建设涉及发电、变电、输电、用电及反馈等各个阶段的多个环节，涉及指标多、范围广，若采用传统市场法进行环境效益评估，则需在不同环节选取不同指标进行分析，但大部分的评价因素并未对市场造成直接可观测的影响，并且智能电网处于快速发展期，其市场环境和社会政策环境变化较快，对于指标的价格选取有一定困难。

对智能电网的环境效益评价指标可主要归纳为节能减排效益和可持续发展效益（长期节电效益），对于上述两方面效益均可采用热当量法将智能电网节煤、节电等能力按照自身的热功当量换算成标煤消耗量进行描述和计算。折算率按照 GB/T 2589—2008《综合能耗计算通则》规定，每千瓦时电折算标煤 0.1229kg。通过将智能电网环境效益的各项指标折算成标煤热功当量后，相关数据指标比较完备，以选用替代市场中的防护费用法对智能电网环境效益进行分析。

智能电网的环境效益分为节能减排效益和可持续发展效益两部分。根据国家电网公司对智能电网的建设规划和我国电网智能化建设过程中的实际情况，选择以下因素对智能电网的环境效益进行分析评价，如图 3.3 所示。

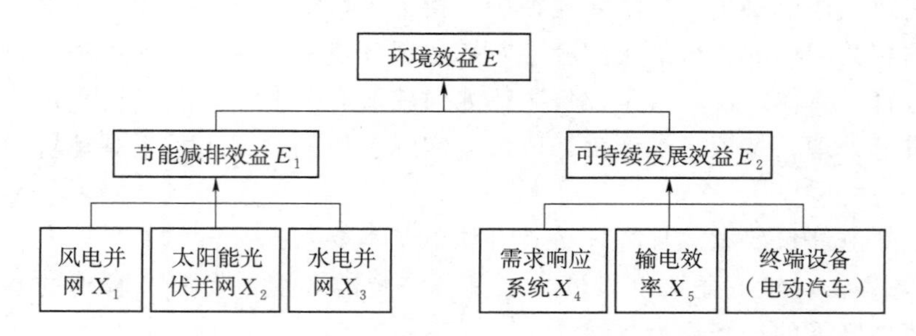

图 3.3 智能电网环境效益分析因素示意图

三、新能源并网的环境效益

（一）风力发电并网的环境效益

我国幅员辽阔，风能资源丰富。风能作为一种可再生清洁能源，近年来备受关注。虽然风力发电对于环境还有一定的不利影响，如噪声污染、对鸟类的影响等，但其对环境排放接近零污染这一绝对环境优势是不可忽视的。风力发电系统还具有占地面少、建设周期短、自控水平高、管理人员少等经济优势。因此，在风能具有竞争优势的地区，应尽可能地开发利用风能。我国的风电新增装机容量在 2009 年成功超越美国，成为世界上风电装机容量最多的国家。但从 2011 年开始，我国风力装机建设速度明显放缓，专家认为造成这一局面的主要原因是：无法并网造成的“弃风”现象。

与传统电网相比，智能电网对能源具有更好的兼容性，同时能够为不同能源提供发送调配平台，这将会打破制约风电发展的瓶颈。

据中国风能协会统计，2010 年我国风电装机容量 4473 万 kW，发电量 501 亿 kW·h；2011 年我国风电装机容量为 6236.4 万 kW，发电量 700 亿 kW·h。风力发电并网带来的节能减排效益见表 3.4。

表 3.4　智能电网背景下风电并网节能减排效益

时　间	2008 年	2009 年	2010 年	2011 年	2015 年	2020 年
风电年发电量/(亿 kW·h)	—	276.00	501.00	700.00	1200.00	2000.00
节电标煤量/万 t	—	339.20	615.70	860.30	1474.80	2458.00
减少 CO_2 排放量/万 t	—	881.93	1600.80	2236.80	3834.50	9279.40
减少 SO_2 排放量/万 t	—	81.41	147.80	206.50	354.00	856.60
减少 NO_x 排放量/万 t	—	23.74	43.10	60.20	103.20	249.80

注　根据 GB/T 2589—2008《综合能耗计算通则》规定，每千瓦时电按热当量法折算成标煤量 0.1229kg。按环保指数每燃烧 1t 标煤排放 CO_2 约 2.6t，SO_2 约 24kg，NO_x 约 7kg 计算。

（二）太阳能光伏并网的环境效益

太阳能作为可再生新能源的代表之一，具有节能环保的优势，受到广泛的重视。太阳能光伏发电作为一种新的电能生产方式，具有可靠性高、安全、制约少、故障率低、维护简便等特点，以及无污染、无噪声、可应用资源广阔等优势，日益显现出了广阔的发展空间和良好的应用前景，被认为是 21 世纪最重要的新能源。从世界范围来看，与太阳能相关科技产业，尤其是与太阳能发电并网技术相关产业的商业化进程都非常迅猛。

通过计算太阳能从发电成本上对煤炭替代效应和排放时的环保减排效应，可衡量太阳能发电的环境效益。

据数据显示，目前太阳能发电板主要由多晶硅制成，在制造太阳能电板时，每消耗 1t 多晶硅需要耗电 3 万 kW·h。一座兆瓦级太阳能电站每年可发电装机量为 77kW，若按照日照时长平均每年 2000h、使用寿命 20 年运行发电，则该电站总发电量为 4000 万 kW·h。而这样一座太阳能电站需要的发电板需要 13t 多晶硅片制成，则在不考虑其他成本的情况下，可以认为每吨多晶硅可以发电 308 万 kW·h。太阳能发电板的资源回报率和能源可再生比率非常高，制造成本 2 年即可收回，能源再生比达到 8.56。随着技术水平的进步和太阳能发电的普及，该比率也将继续提高。太阳能发电在环境效益回报上具有明显优势。

以国家电网公司“三步走”目标为依据，我国将实现智能电网太阳能发电装机容量规模达到 2020 年 1000 万 kW。太阳能光伏发电并网节能减排效益见表 3.5。

表 3.5　智能电网背景下太阳能光伏发电并网节能减排效益

时　间	2008 年	2009 年	2010 年	2011 年	2015 年	2020 年
太阳能年发电量/(亿 kW·h)	1.10	1.52	2.65	9.14	72.00	150.00
节电标煤量/万 t	1.35	1.87	3.26	11.00	88.50	184.40
减少 CO_2 排放量/万 t	3.51	4.86	8.47	28.60	230.10	479.44
减少 SO_2 排放量/万 t	0.32	0.45	0.78	2.64	21.24	44.26
减少 NO_x 排放量/万 t	0.09	0.13	0.23	0.77	6.20	12.91

注　根据 GB/T 2589—2008《综合能耗计算通则》规定，每千瓦时电按热当量法折算成标煤量 0.1229kg。按环保指数每燃烧 1t 标煤排放 CO_2 约 2.6t，SO_2 约 24kg，NO_x 约 7kg 计算。

（三）水力发电的环境效益

从宏观上分析，水力发电对环境是有正向效益的。从世界范围来看，各国对水电的可持续发展都给予了肯定的评价。水力发电的环境效益概括起来有以下几方面：

（1）水力发电节能减排。水力发电的开发利用，能有效减少煤炭消耗，降低污染气体排放。

（2）抵御自然水文灾害，保护环境。水电站的水库起到控制上下游水位的作用，能有效预防洪水，减少水土流失和土壤侵蚀。在灾害到来时也能将旱灾与洪灾带来的灾害水平降至最低，为人们提供一个安全可靠的生存环境。

（3）梯级水电站开发可获得流域效应。梯级水电开发可以通过上游水电站对径流的调节，保证下游梯级水电站的发电量，也可以通过上游水电站水库储水，对下游起到洪灾防护作用，降低下游水电站修建的防洪标准，从而降低建设投资。

（4）水电站水库的人工湿地作用。水电开发建设的水库库区为水生动植物提供适宜的生存条件，同时周边成为湿地，为大量的湿地动植物提供了生存空间，提升了生物多样性，又增加水域环境的综合功能类别。另外，水库的人工湿地作用可以明显改善当地的气候环境。

（5）水电站水库的景观与旅游作用。水电站的水库环境优美，具有旅游价值。

四、智能电网效益测算

（一）智能电网可持续发展效益测算

需求响应是指电力用户针对市场价格信号或激励机制做出响应并改变其电力消费模式的行为，可归结为用电信息反馈、电价反馈、基于市场组织的反馈和基于智能设备控制的反馈四种类型。

在智能电网系统中，电网运行信息和用户的用电信息被通过智能电表即时收集，并通过需求响应系统向用户反馈即时的电价、用电量、电费等信息。这种通过双向互动，引导和改变用户的用电习惯，从而节约用电，进而减少二氧化碳排放量的环境价值，即为智能电网需求响应系统的环境效益。由需求响应带来的环境效益研究结果见表3.6。

表3.6　智能电网背景下需求响应的环境效益

时　间	2008年	2009年	2010年	2011年	2015年	2020年
节电效果/%	0.60	0.60	0.60	0.60	0.70	1.00
折合节电量/(亿kW·h)	205.61	219.59	251.99	281.57	448.00	840.00
节电标煤量/万t	252.69	269.88	309.70	346.05	550.59	1032.36
减少CO_2排放量/万t	657.00	701.68	805.22	899.72	1431.54	2684.14
减少SO_2排放量/万t	60.65	64.77	74.33	83.05	132.14	247.77
减少NO_x排放量/万t	17.69	18.89	21.68	24.22	38.54	72.27

注　根据GB/T 2589—2008《综合能耗计算通则》规定，每千瓦时电按热当量法折算成标煤量0.1229kg。按环保指数每燃烧1t标煤排放CO_2约2.6t，SO_2约24kg，NO_x约7kg计算。

（二）电力输送效率的效益测算

配电网线损有很大的危害，线损率的高低是电力单位生产技术水平和管理水平的综合反应，对电力企业经济效益具有非常重要的意义。在配电过程中降低电力损耗工作不但能够节约电力资源，减低电费支出，而且对国家能源优化经济利用、对资源环境保护、对资源优化配置等都有重要意义。

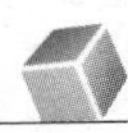

智能电网相比传统电网，在技术支撑、智能化调度系统、无功补偿装置自动投切系统、配网自动化和用电管理采集系统四方面具备优势。因此说，智能电网是建立在高效集成的信息通信网络基础之上的，它能够通过传感测量控制系统及即时决策支持系统对电网出现的问题做出快速评估和响应，不仅能大幅提高电能的稳定性，更能有效降低电力输送过程中的电力损耗。因智能电网建设降低线路损耗的环境效益见表3.7。

表3.7 智能电网背景下降低线路损耗的环境效益

时 间	2008年	2009年	2010年	2011年	2015年	2020年
线损率/%	6.79	6.72	6.53	6.52	6.30	5.80
比上一时点降低/%	0.18	0.07	−0.20	0.01	0.06	0.10
折合节电量/(亿kW·h)	49.35	20.50	−67.20	3.75	29.44	67.20
节电标煤量/万t	60.65	25.19	−82.59	4.61	36.18	82.59
减少CO_2排放量/万t	157.68	65.49	−214.72	12.00	94.07	214.73
减少SO_2排放量/万t	14.56	6.05	−19.82	1.11	8.68	19.82
减少NO_x排放量/万t	4.25	1.76	−5.78	0.32	2.53	5.78

注 根据GB/T 2589—2008《综合能耗计算通则》规定，每千瓦时电按热当量法折算成标煤量0.1229kg。按环保指数每燃烧1t标煤排放CO_2约2.6t，SO_2约24kg，NO_x约7kg计算；2009年我国火电发电比例为82%，2010年为81%，2011年为76%，但因电力需求的不稳定行与运输能力的提升，对火力发电比例发展难以预计，在此按照平均值80%计算。

（三）电动汽车环境效益测算

在中国，新能源汽车将在2020年电动汽车保有量达500万辆。从电网这个角度来看，智能电网构建将为电动汽车充电、换电提供便利服务和设施保障，对我国电动汽车规模化发展起到推动作用。可以说，快速发展电动汽车，是国家优化能源结构、提高能源利用率、实现节能减排规划、发展低碳经济的重要途径。

智能电网的建设可以为电动汽车使用者提供以下两方面的服务：首先，智能电网采用实时电价系统，可以让电动汽车使用者选择在电力低谷时期进行充电，节省充电费，同时也降低电网供电成本；其次，通过电动汽车充放电信息化系统的全面铺设，实现使用不受地域限制。

从节能减排的角度来看，结合电网损耗，可测算电动汽车与燃油汽车环境效益。

（1）温室气体排放评价。节能减排发展低碳经济，控制温室效应的恶化，就必须减少交通运输过程中的温室气体排放量。若按照电动汽车与每百公里平均耗电量为15kW·h计算，则电动汽车每百公里排放废气量为15.5kg，而一般传统燃油汽车每百公里耗油量约为10L，则每百公里排放温室气体28.1kg。显然，电动汽车相比于传统燃油汽车很明显的减排效益。

（2）其他污染气体排放评价。传统燃油汽车在使用中除排放CO_2外，还会产生大量的有害气体，不但污染环境，还严重影响人类健康。这些污染物主要包括CO、HC、SO_2、NO_x。电动汽车比燃油汽车各种废气排出量降低值均在92%～98%之间。电动汽车和燃油汽车的主要废气排放比较见表3.8。

表 3.8　　电动汽车和燃油汽车的主要废气排放比较　　单位：g/km

废气组成	燃油汽车	电动汽车	废气组成	燃油汽车	电动汽车
CO	17	0	NO_x	0.74	0（0.023）
HC	2.7	0	CO_2	320	0（130）

注　括号内考虑了电厂排放的废气。

（3）电动汽车间接节电效益。从能源利用的角度来说，电动汽车比化石燃料汽车更高效。Kintner - Meyer 等估计电动汽车可以节能 30%，减少 27%的 CO_2 排放。

五、智能电网环境效益综合评价

（一）环境损失评价标准

我国目前还没有针对电力行业环境价值的标准，在分析智能电网环境效益时可以通过防护费用间接估算。环境价值是对环境效益的经济量化、货币化，能够更直观地了解环境效益。而评估环境价值首先要计算污染气体排放的环境价值，即污染气体的排放价格。

（1）SO_2 环境价值。对于 SO_2 的环境价值，通常用治理成本间接表示。据国内相关文献，目前我国的 SO_2 边际治理成本约为 6000 元/t。随着人们对硫排放的关注，对脱硫效率要求也越来越高，目前火电厂普遍使用的脱硫方法成本在 5800～6500 元/t，按照选取脱硫效率较高的石灰石-石膏法脱硫成本作为 SO_2 的排放价格进行计算，即 6400 元/t。

（2）氮氧化物环境价值。氮氧化物是造成光化学污染的主要因素，而且它带来的温室效应是 CO_2 的 200～300 倍，治理方法也相对复杂。我国环保指数中将其排放价格设置为 8000 元/t。

（3）CO_2 环境价值。CO_2 大量排放造成的温室效应对人类生存环境有严重影响，人们对 CO_2 排放也越来越重视，尤其在煤炭燃烧火力发电的污染排放物种，CO_2 占据极大份额，国际上通常以 20 美元/t 作为碳排放标准。国际上硫排放与碳排放治理成本比为 80.75∶1，则 CO_2 的排放价格为 6400 除以 80.75 约等于 80 元/t；氮氧化物与碳排放治理成本比 348.8∶1，则 CO_2 的排放价格为 8000 除以 348.8 约等于 23 元/t。通常选用 2 项估算的平均值 51 元/t 进行计算。

（二）智能电网环境效益计算

根据国家电网公司发布的智能电网阶段性建设目标，坚强智能电网的建设在发电环节主要注重于智能化节能发电调度和储能设备的应用，其主要目的是为实行大规模的清洁能源并网提供基础保障。

电网的发电设施接入主要集中在水力发电、太阳能光伏发电、风力发电三方面。测算得知，2010—2020 年期间，我国智能电网节能减排效益情况见表 3.9。

表 3.9　　智能电网节能减排效益　　单位：万 t

时　　间	2010 年	2011 年	2015 年	2020 年
节省标煤量	617.2	871.3	1563.3	2642.4
减少 CO_2 排放量	1604.7	2265.4	4064.6	9758.84
减少 SO_2 排放量	48.16	209.14	375.24	900.856
减少 NO_x 排放量	43.205	60.97	109.395	262.708

通过节能减排途径带来的智能电网环境效益情况见表 3.10。

表 3.10　智能电网节能减排环境价值

单位：亿元

时　　间	2010 年	2011 年	2015 年	2020 年
CO_2	3.15	4.44	7.97	13.48
SO_2	94.82	133.85	240.15	576.55
NO_x	34.56	48.78	87.52	210.17
总计	132.53	187.07	335.64	800.19

由表 3.10 可以看出，智能电网通过节能减排途径能够创造可观的环境效益，而且其固有数值与增量都随着智能电网的推进建设而增加。

（三）可持续发展效益计算

选取需求响应与降低线损带来的节电能力可计算智能电网的可持续发展效益。其中线损的降低依赖于智能电网建设的各个环节，包括高级电压控制系统、电压调节系统、信息平台等。为了降低计算结果重复性，将火电厂发电过程中节电效益，煤炭发电效率提高带来的节煤能力，以及通过特高压技术、大截面传输降低的电能损失，均计入此变量中。

智能电网对电动汽车发展带来的推动作用已经得到了各国的认同，电动汽车与传统汽车相比，其节能减排效益明显。但目前尚缺乏文献证明智能电网给电动汽车带来的推动效果占电动汽车自身普及的节能减排效果的比例，只能以电动汽车的保有量的增长来推算，数据偏差比较大，因此仅进行定性分析，其带来的环境效益在浮动偏差中体现。

测算得知，2010—2020 年期间，我国智能电网可持续发展效益情况见表 3.11。

表 3.11　智能电网可持续发展效益

单位：万 t

时　　间	2010 年	2011 年	2015 年	2020 年
节省标煤量	227.12	351.2	586.77	1114.95
减少 CO_2 排放量	590.5	913.1	1525.6	2898.8
减少 SO_2 排放量	54.5	84.3	140.8	267.6
减少 NO_x 排放量	15.9	24.6	41	78.1

根据环境价值标准进行经济化折算，我国智能电网建设带来的可持续发展性效益情况见表 3.12。

表 3.12　智能电网可持续发展环境价值

单位：亿元

时　　间	2010 年	2011 年	2015 年	2020 年
CO_2	1.16	1.79	2.99	5.69
SO_2	34.88	53.95	90.11	171.26
NO_x	12.72	19.68	32.80	62.48
总计	48.76	75.42	125.90	239.43

（四）综合环境效益计算

我国智能电网建设中，2008—2020 年因清洁能源并网、需求响应和线损降低带来的环境效益情况见表 3.13。

表 3.13　　**智能电网可持续发展环境价值**　　单位：亿元

时　间	2008 年	2009 年	2010 年	2011 年	2015 年	2020 年
CO_2	1.60	3.24	4.31	6.23	10.97	19.16
SO_2	48.34	97.71	129.98	187.71	330.28	747.80
NO_x	17.62	35.62	47.38	68.41	120.38	272.60
总计	67.56	136.58	181.67	262.36	461.62	1039.57

（五）智能电网与传统电网综合环境效益比较

我国智能电网规划、投资建设开始于 2009 年，第一批试点区域正式投产于 2010 年。为比较智能电网与传统电网综合环境效益，假设以 2008 年、2009 年、2010 年和 2011 年的数据趋势代表传统电网的发展趋势，以 2010 年、2011 年、2015 年和 2020 年数据趋势代表智能电网投资后我国电网的发展趋势，两条趋势线的差值即可认为是智能电网投资建设带来的环境效益。智能电网与传统电网综合环境效益比较分析如图 3.4 所示。

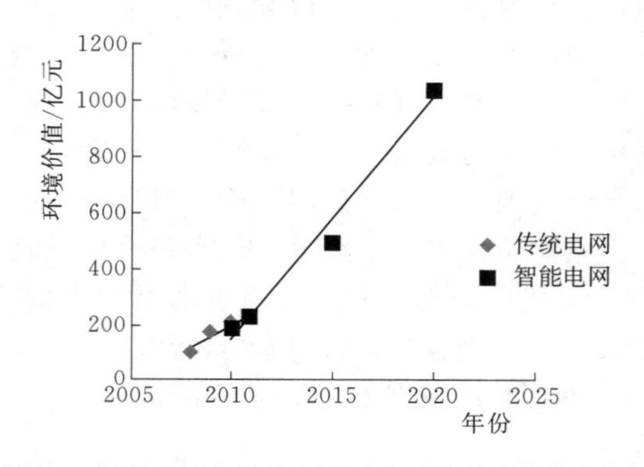

图 3.4　智能电网与传统电网综合环境效益比较分析
（资料来源：国网北京经济技术研究院．“两型”电网指标体系研究［R］．北京：国网北京经济技术研究院，2007.）

若电网建设不走智能化路线，随着我国电力需求的上升和技术的进步，传统电网将继续沿图 3.4 中下面线条发展；若进行智能电网建设，通过发电、电网及用户侧的智能化、信息化建设，电网的环境价值将沿着图 3.4 中上面线条方向发展。所以可以认为图 3.4 中下面线条的上方区域，即为电网建设智能化创造的高于传统电网建设的附加环境价值。

六、本节小结

本节对我国智能电网的投资建设带来的环境效益进行分析与评估，采用指标分析与模型实证评估相结合的方法，从清洁能源并网带来的节能减排效益和可持续发展效益（节电效益）两方面阐述智能电网建设带来的环境效益。

我国智能电网在建设过程中的环境效益主要包含两个方面：首先是发电侧通过清洁能源并网，尤其是风能和光伏太阳能发电装置的大规模并网，产生的直接节约化石能源进而降低污染气体排放的节能减排效益；其次是通过电网侧提高电力输送效率降低电力损耗，和用户侧需求响应系统构建应用改变电力消费模式等途径，带来的长期的节电效益，即可持续发展效益。

用防护费用法和电热当量法计算环境效益。以国家电网公司规划值来估算，现阶段智能电网的环境效益并不明显，到 2015 年智能电网第一阶段建成时可以带来 462 亿元/年的环境效益，到 2020 年智能电网建成时，可带来的环境效益为 1040 亿元/年。随着智能电

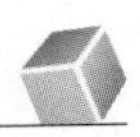

网建设，它带来的环境效益会越来越明显。

第四节　基于DEA模型的电网投资建设效益分析

一、概述

随着我国电力需求不断加大，电网规模持续扩大，电网投资大幅度提升，电网投资建设效益是否合理受到我国电网行业的重点关注。若将电网投资建设视为一个投入产出实体，利用数据包络分析（Data Envelopment Analysis，DEA）方法对我国电网行业进行投资建设效益分析，从而可以评价我国1997—2011年期间的电网投资建设效益。经过对比各年份效益水平，分析计算过程中松弛与冗余变量，可总结我国电网投资建设效益低下的原因。

截至2011年年底，我国35kV及以上电网新增输电线路长度达到810736km，新增变电容量352125万kVA，累计电网投资达到27685亿元。我国电网在支撑经济社会用电增长需求的同时，售电量增长达到31649.64亿kW·h，维持了电网发展和建设。但是我国电网建设和发展过程中，主要是通过电网需求作为电网建设和投资的依据，而未从电网投资建设带来的效益进行分析。因此，有必要对电网投资建设效益开展研究，对判断电网建设速度发展是否适度、电网投资与效益是否匹配等问题也具有重要意义。

针对新增电网资产、新增电网投资和运行损耗以及售电效益等数据，采用DEA模型分析我国1997—2011年期间的电网投资建设效益，呈现波动变化趋势，与我国经济环境具有一定的相关性。

二、基于DEA的电网投资建设效益分析模型构建

Charnes A、Cooper W W和Rhodes E在1978年给出了评价决策单元相对有效性的数据包络分析模型（DEA）。DEA模型主要采用线性规划方法和对偶理论，其基本思路是，通过实际生产数据点的距离构造包含相对有效点的生产前沿包络面。近年来，DEA模型被广泛地应用于医院、大学、法院、企业管理等不同行业的相对效率评价分析工作。

目前，国内外学者运用DEA模型针对电力行业开展了大量综合效率评价的研究，Vaninsky A采用运营成本和能量损失率作为输入，容量利用率作为输出，采用DEA模型分析了1994—2004年期间美国电网发电机利用效率；Criswell D R进行了陆地和空间大规模电力系统优越性对比分析，其结论表明，月球太阳能发电系统比陆地表面太阳能、化石能源、核能具有更高效率；吴育华、甘世雄对电力工业效率进行评价，采用C2R和B2C模型对国内8个电力公司实施测评分析；Panayotis A Miliotis将供电区的多种配电设施作为输入，多类负荷数据作为输出，采用DEA方法研究希腊45个供电区效率；张铁峰采用DEA模型开展了配电网利用效率的研究。另外，国内外大量学者主要通过DEA方法研究发电行业的综合效率评价。运用DEA模型针对电网投资建设效益方面评价研究开展较少。

（一）DEA模型的原理

DEA作为一种“面向数据”的分析方法，在度量多投入多产出决策单元相对效率时具有显著的优势。DEA模型的核心工作是数据构成映射效率值的分析。为分析数据构成映射效率值，采用VRS模型，以规模收益可变为条件，将技术效率分解为纯技术效率和

规模效率，与 CRS 模型基本假设相同。

输入型 VRS 模型如下：

$$\left.\begin{aligned}&\min_{\theta\lambda}\theta\\&\text{s. t.}\sum_{j=1}^{n}\lambda_j x_j - s^{+} = y_i\\&\sum_{j=1}^{n}\lambda_j x_j + s^{-} = \theta_{x_i}\\&\sum_{j=1}^{n}\lambda_j = 1\\&\lambda_j \geqslant 0, j = 1,2,\cdots,n\end{aligned}\right\}\tag{3-14}$$

式中：θ 为介于 0～1 之间的标量；λ 为构成 $N\times1$ 的常数向量；s 为非径向调整；θ_{x_i} 为第 i 个决策单元（DMU）的技术效率分数。$\theta=1$，松弛变量为 0 时，决策单元最优；$\theta=1$，松弛变量大于 0 时，说明决策单元的技术效率较弱；$\theta<1$ 说明决策单元技术无效。技术有效的决策单元（DMU）的总松弛变量为 0，其他的决策单元的总松弛变量大于 0。

DEA 中非最优决策单元通常以前沿的最优决策单元为目标，通过线性规划的计算进行改进，以达到最优点。径向和非径向松弛变量的和为总的松弛变量，通过调整松弛变量可以在不改变输出水平的条件下实现最优的技术效率。

（二）基于 DEA 的电网投资建设效益分析模型的构建

运用 DEA 模型评估电网投资建设效益情况，主要应考察电网建设和投资情况以及相应的效益水平。因此，以电网新增投入和新增电网效益为基础，构建电网投资建设效益分析模型。电网建设的目标是满足新增经济发展和社会发展的需求。同样，电网投资也是为了实现电网发展和设备技术升级等需求。基于 DEA 的电网投资建设效益分析模型的构建要点包括如下：

（1）按照 DEA 模型中投入产出评价相对效率原则，将电网投资建设作为一个生产环节，将电网新增的设施、投资和电能消耗定义为投入量。电网新增的一次设施主要包括输电线路和变电设备，电网运行新增消耗的是电网损耗电量，电网投资表示当年电网发展的投入量，电网产生指标是完成售出的电量。

（2）以自然年为决策单元，选取新增投入的电网 35kV 及以上电压等级变电容量（万 kVA）、35kV 及以上电压等级线路长度（万 km）、损耗电量和电网投资定为投入部分，分别记为 A、B、C 和 D。将电网新增的售电量（亿 kW·h）作为电网效益产出部分，记为 E。

三、模型应用分析

（一）数据搜集

选择全国电网作为评价分析对象，采用 1997—2011 年期间共 15 年的电网运行历史数据，利用 DEA 模型分析电网投资建设效益。这段时间是我国电网飞速发展的时期，同时也是我国电力市场化改革、电力监管体制建设和厂网分家、主辅分离、电力体制改革等一系列产生巨大影响的关键时期。

数据来源于《电力统计年鉴》中对电网环节的相关统计。1997—2011 年各年新增的全国 35kV 及以上电压等级变电容量（以下简称新增变电容量）、35kV 及以上电压等级线

路长度（以下简称新增线路长度）和各年电网投资、电网损耗电量见表3.14。

表3.14　1997—2011年我国电网新增情况

年　份	A	B	C	D	E
1997	26909	5405	7.4	360	450
1998	30690	6461	6.7	578	148
1999	29523	6893	46.3	950	571
2000	40083	8175	58.5	1388	1075
2001	55687	11462	52.3	1237	1035
2002	21755	10449	107.2	1508	1369
2003	75870	14253	205.5	1265	2114
2004	17660	15911	169.0	1281	2323
2005	76457	46211	119.9	1614	2530
2006	55901	28583	186.7	1951	2984
2007	76848	32183	245.4	2342	3524
2008	62512	37418	97.2	2873	2086
2009	60513	44910	112.7	3624	1887
2010	107402	46072	292.5	3497	5133
2011	72926	37739	304.4	3217	4423

资料来源：龙望成，王媇，彭冬，等．基于DEA模型的电网投资建设效益评价分析［J］．青海电力，2014，33（1）：1-4．

（二）计算结果分析

利用DEAP2.0软件工具计算电网投资建设效益水平，计算结果如图3.5所示。由图可知，1997—2011年间，我国电网投资建设效益处于波动发展的阶段。

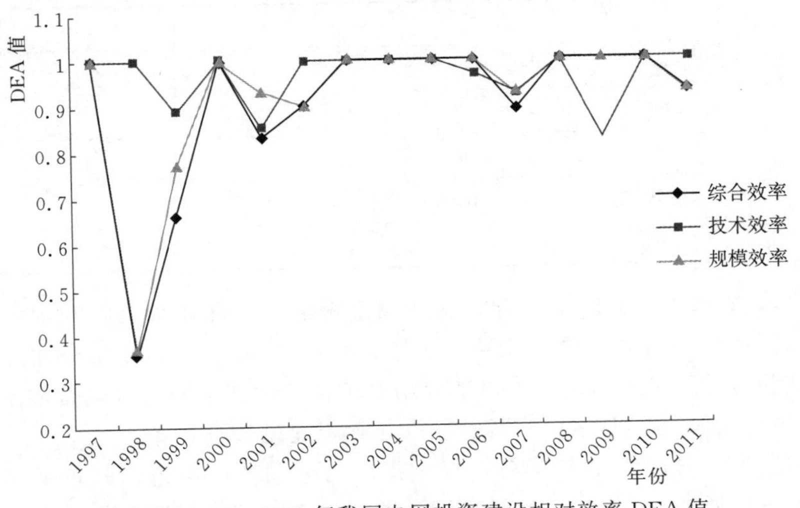

图3.5　1997—2011年我国电网投资建设相对效率DEA值

分析1997—2011年各年我国电网投资建设情况，1997年DEA效率值为1，说明电网投资效益达到有效水平；1998年，效率值下降明显，其中技术效率保持有效，规模效率仅为0.366；1999年电网投资规模效益的DEA值为0.66，其中技术效率为0.887，规模效率为0.774，与上一年相比，电网投入规模增大提升了规模效益，但技术效率有所下降，分析冗余与松弛变量（见表3.15和表3.16）可以发现，线路长度、变电规模以及电网投资出现冗余量，而松弛变量中新增损耗电量与电网投资出现松弛量，售电量新增不足，导致技术效率有所下降；2000年DEA值再次达到1，表明当年电网投资建设效益有效；2001年DEA效率值下降至0.833，其中技术效率为0.87，主要由于新增线路长度出现较大冗余，变电与电网投资过度而造成的；2002年电网技术效率为1，规模效率较2001年有所提升；随后的2003—2005年，电网投资建设效益均处于有效；2006年技术效率下降，原因在于变电和线路以及投资出现少量的冗余，技术效率为0.97，而规模效率为0.999，接近有效状态；2007年电网投资建设冗余更加显著，导致效率下降较为明显，同时，新增线路损耗也出现过大情况；2008年达到有效；2009年技术效率再次下降，原因仍然是线路与变电规模投入量过大，但2009年变电规模投入冗余量更大，说明变电容量新增量过大，首次超过线路长度而成为效率下降的主要原因；2010年DEA值再次达到1；2011年规模效率下降至0.929，技术效率为1，说明规模效率未达到最有效状态。

表3.15　DEA计算过程冗余变量

年　份	*A*	*B*	*C*	*D*	*E*
1999	3338	779	0	5.2	0
2001	7219	1486	0	6.8	0
2006	1703	871	0	5.7	0
2007	3755	1573	0	12	0
2009	9622	7142	0	18	0

表3.16　DEA计算过程松弛变量

年　份	*A*	*B*	*C*	*D*	*E*
1999	0	0	19	321	8
2001	11037	0	0	208	0
2006	401	0	0	0	0
2007	17100	1816	12	0	0
2009	0	8059	0	766	0

从经济环境方面看，自1998年起，在亚洲金融危机外部环境因素和国内自身经济形势影响下，我国用电量增量放缓，仅为148亿kW·h。同样，2008年全球金融危机的爆发对中国经济和对外贸易等影响巨大，造成用电增长未达到预期，售电量增量缓慢，特别是2009年下降到1887亿kW·h，导致2009年投资建设效益下降。

从管理体制方面看，2002年国务院成立了电力体制改革小组，颁布了《关于印发电力体制改革方案的通知》，电力工业部改组撤销，设立国家电力监管委员会，将原国家电

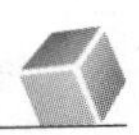

力公司分为五大发电集团公司（华能、国电、大唐、华电、中电投），两大电网公司（国家电网公司、南方电网公司），两个设计单位（水电水利规划设计总院和电力规划设计总院）以及两个施工单位（中国葛洲坝集团公司和中国水利水电建设集团公司）。以企业形式运营管理后，电网投资建设效益显著提升，2002年前电网投资建设效率未显著提升，1997—2002年期间相对效率平均值为0.794，之后提升至0.959，并且更趋于稳定，表明我国电网投资建设具有了较强的调节能力。

由于电网建设与投资受到经济发展、电力需求以及电网安全等外部因素影响，无法实现电网投资建设效益始终保持规模报酬为不变，因此电网投资建设规模报酬需要一个不断优化和调整的过程。我国电网规模报酬变化情况如图3.6所示。从图中可以看出，规模报酬在递增与递减之间波动变化，1997—2011年15年间，7年达到规模报酬不变，4年规模报酬递增，4年规模报酬递减。此现象表明，我国电网通过优化电网投资建设不断适应经济社会发展，基本保持了电网规模报酬围绕着规模最佳状态不断发展，说明我国电网投资建设处于合理和有效水平。

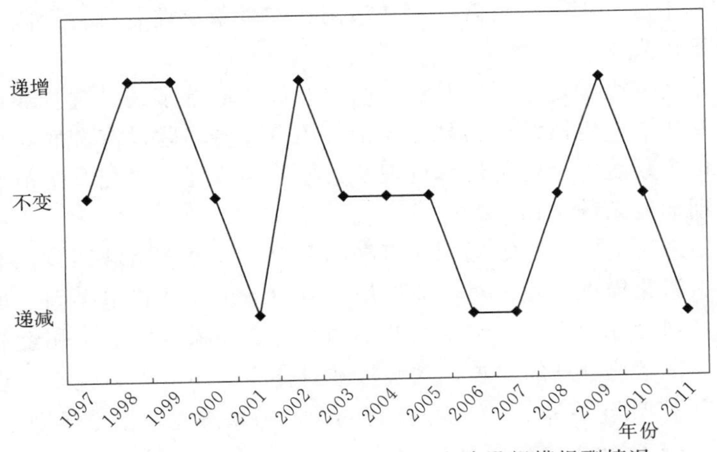

图3.6 1997—2011年我国电网投资建设规模报酬情况

（资料来源：龙望成，王娥，彭冬，等．基于DEA模型的电网投资建设效益评价分析[J]．青海电力，2014，33（1）：1：4.）

四、本节小结

基于DEA模型分析电网投资建设效益的方法，采用电网新增电网规模、新增损耗、投资等作为输入，新增售电量作为产出，分析全国1997—2011年15年间电网投资建设效益。我国电网投资建设效益受外部经济环境和自身管理机制等因素影响。通过优化调整电网发展，我国电网投资建设保持了较高的效益水平，同时使我国电网处于规模报酬效益稳定状态。导致我国电网投资建设效益降低的主要原因在于线路新建规模出现较大冗余量，而2009年，新建变电规模过大成为电网投资建设效益下降的主要原因之一。2011年，我国电网技术效率为1，说明我国电网投资建设在投入量上保持有效，但规模报酬处于递减状态，应适度控制规模增长。

第四章　电网新技术与电力系统安全

第一节　电力系统安全标准

一、概述

电力系统安全稳定运行是关系国计民生的世界性问题，历来受到各国政府及电力企业的高度关注。为避免由于大面积停电造成巨大的经济损失，各国电力企业投入人力和财力开展相关问题的研究，取得了令人瞩目的成效。然而，大电网的稳定性问题非常复杂，影响因素很多，完全避免大停电事故发生仍然是很难实现的目标。例如，仅在2011—2012年，由于网架结构不尽合理、运行管理存在漏洞、安全稳定控制设备缺陷、突发自然灾害等原因，世界范围内发生了11次大停电事故。

我国电力系统的安全稳定水平，虽然比改革开放初期有了长足进步和提升，但随着电力系统规模的不断扩大，电网结构的日趋复杂，还有许多问题没有彻底解决，局部停电事故仍有发生。对电力系统安全稳定运行机理及其控制手段开展研究，防范大面积停电事故发生仍是一项长期而复杂的工作。

我国对于电力系统的安全稳定运行一直高度重视，针对该领域涉及标准的制定和修订工作也在不断向纵深化推进，除了对普适性的《电力系统安全稳定导则》进行跟踪研究和修订外，在电力规划设计、运行控制、网源协调、仿真建模等方面也相继制定了专门的标准，以细化对相关技术、管理的要求。这些标准对提高我国电力系统安全稳定运行水平发挥了重要作用。以1981年发布、2001年修订的《电力系统安全稳定导则》（以下简称《导则》）为例，它的实施大幅度降低了我国电力系统的事故率，为保障我国电力系统的安全稳定运行发挥了重要作用。

近年来，随着电网联网规模的逐渐扩大，新能源发电比重的迅速增加，以及电网跨区域大容量交直流混联形态的逐步形成，我国电网运行特性发生了较大的变化，相应地给我国电力系统的安全稳定运行带来了新的挑战。同时，伴随着电网的快速发展，我国电力工业管理体制和外部环境也在不断变化，1998年电力部企业化改革，2011年《电力安全事故应急处置和调查处理条例》出台等一系列重大变革事件，都对电力系统的安全稳定运行和管理提出了新的要求。

本节将分析我国电力工业发展对电力系统安全稳定运行的新要求，从基本标准、规划设计、运行控制、网源协调、仿真建模等5个方面阐释我国现行电力系统安全稳定相关标准存在的不足，指出未来的发展方向，提出电力系统安全稳定相关标准需要深化研究的内容。

二、电力系统安全稳定标准发展面临的新形势

进入21世纪以来，我国用电负荷持续大幅增长，环保、运输、土地等客观条件对现

有电力发展模式的制约作用越来越明显，电力工业发展方式进入转型期。资源节约型、环境友好型社会建设对电力系统提出了新的要求，同时也给电力系统的安全稳定运行带来了新的挑战。

（一）转变电力发展方式孕育电力系统新特征，需要超前完善安全稳定标准

解决我国电力发展中存在的生态环境日益恶化、能源供应成本持续上涨、能源安全保障能力降低等问题：一是必须加大力度调整电源结构，积极有序发展水电，安全高效发展核电，加快发展风能、太阳能等可再生能源发电；二是优化电源布局，加大力度推进西部和北部大型电源基地建设，充分利用先进的特高压输电技术，扩大西电东送、北电南送、全国联网规模。因此，电力系统将出现集约化大电源集中接入、远距离大容量送出、大平台分散式消纳的新特征，电力系统的安全稳定特性将发生变化；电源与电网之间、交流系统与直流系统之间、500kV超高压电网与1000kV特高压电网之间、区域电网与特高压跨区同步电网之间的关系将更为紧密和复杂，协调难度加大。以信息化、自动化、互动化为特征的坚强智能电网，对电网运行的灵活性、电网的全局控制能力、电网的自愈能力提出了更高的要求。

除此以外，资源节约型社会建设目标要求电力系统具有更高效率和更好效益，提高运行经济性和提高系统安全可靠水平的矛盾将更加突出，经济性和安全性的平衡点需要有新的调整。掌握电网新特性、理清层次关系、预见未来安全稳定控制技术发展趋势，根据需求制定新的专项安全稳定标准，以及调整完善现有的安全稳定标准，将为驾驭新形势下的电力系统提供基础保障。

（二）大力发展可再生能源电力，需完善标准，减少安全隐患

大力发展可再生能源是全球性的能源发展趋势，我国提出了到2020年非化石能源占总能源的比重达到15%的目标，并制定了相关政策法规鼓励可再生能源发展，其中绝大部分以电能的形式加以利用。在国家政策的指引下，我国的非水可再生能源电力装机，尤其是风电装机出现飞跃式发展，截至2012年年底，风电并网容量接近61GW，取代美国成为风电第一大国。根据国家颁布的《可再生能源“十二五”规划》，2020年全国风电装机规模将达到200GW，太阳能发电达到50GW。我国风电呈现集中式大规模开发和接入的特点，由于风电出力的间歇式特性，给电网运行带来了安全隐患，有必要在设备制造、接入系统、模型参数、实际运行等方面完善或制定一系列规范标准。

目前，我国相关部门对发展大规模可再生能源电力都相当重视，并借鉴国际经验，优先开展了标准需求及体系分析，建立了并网标准体系，如图4.1所示，但其他主导性规范、标准也需要对相关内容及时跟进完善。

（三）网厂分开体制下，网源协调发展亟须用标准规范替代行政命令约束

2002年，电力体制改革进入到新阶段，国家实施厂网分开，建立了新型的电力工业发展的生产关系。2002年以来，全国装机规模由360GW增长至1140GW，是2002年的3.17倍；全国220kV以上输电线路回路长度达到51万km，是2002年的2.6倍，变电容量达到2400GVA，是2002年的4.6倍。电源和电网是电力系统的有机组成部分，两者对电力系统的安全负有同等的义务和责任，在原有体制下，倚重行政命令的强制力，网源协调较为紧密；网厂分开后，新型、大容量机组大规模接入电网，因缺乏规范约束，网源协

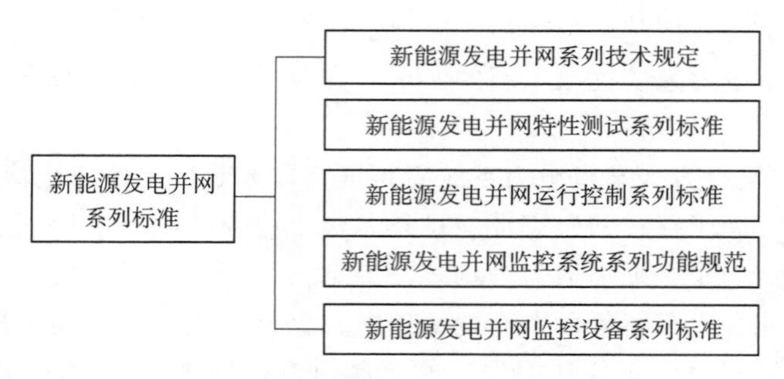

图 4.1　新能源发电并网标准体系

调的安全隐患不容易及时整改，由于网源不协调而导致的安全事件有所增加，随着大型能源基地和大容量特高压交直流输电通道的建成投产，出现类似事件的风险将增加，且后果可能更为严重。因此，亟须完善网源协调标准规范。

（四）《电力安全事故应急处置和调查处理条例》颁布执行，对电力系统安全稳定提出更高要求

2011 年 6 月，国务院颁布《电力安全事故应急处置和调查处理条例》（以下简称《条例》）。《条例》按照不同区域的减供负荷比例和停电用户比例，分别定义了特别重大事故、重大事故、较大事故、一般事故共四个等级。

《条例》将电力系统安全稳定的责任提高到更高的层次。电网企业长期以来以《导则》作为规划、设计、运行的安全稳定的最高准绳，随着《条例》的执行，需要研究《导则》等标准与《条例》的适应性问题，以及重要负荷中心适当提高电网设防标准等问题。

三、电力系统安全稳定标准

（一）基本标准

电网的安全稳定运行是电力系统各项工作中的首要任务。我国电网在 20 世纪 70—80 年代安全稳定性破坏事故频发，随着 20 世纪 80 年代《导则》等安全稳定标准的制定和颁布实施，我国加大了对电力系统安全稳定的分析和管理工作，电网事故率大幅下降。目前，我国电力系统安全稳定基本标准主要包括：《电力系统安全稳定导则》《电网运行准则》《电力系统电压和无功电力技术导则（试行）》《电力系统无功补偿配置技术原则（试行）》《1000kV 交流系统电压和无功电力技术导则》等。这一系列标准主要用于指导我国电力系统规划、设计、建设、运行、科学试验中与电力系统安全稳定相关的工作，提高电网的安全稳定水平，降低电网事故率。

随着电网的快速发展、电力相关新技术的广泛应用，我国电网的安全稳定特性及控制要求有了较大变化，对电力系统安全稳定相关标准提出了新的要求，主要体现在：

（1）随着全国联网工程的实施，受端电网直流落点数量和受电比例逐步加大，受端电网电压稳定问题日益突出；区域电力交换功率不断扩大，发电机组快速自动励磁调节器广泛应用，使得电网主要振荡模式逐渐从单厂模式转变为区域间振荡模式，成为制约输电能力的重要因素。我国电力系统安全稳定相关标准中虽然已经给出了电压稳定和动态稳定的定义和分析等相关内容，但还缺少量化性指标，使得在电网规划和运行控制时难以操作执行。

（2）《条例》是我国第一部专门规范电力安全事故应急处置和调查处理的法规，在事故等级、事故报告、事故调查、事故处理、法律责任等方面做了具体的规定。《条例》和电力系统安全稳定相关标准的出发点是一致的，均旨在保证电力系统的安全稳定运行和供电的可靠性，但在具体条款中存在不协调之处。按照我国现行安全稳定标准，系统受到严重的故障扰动，必要时允许采取切机和切负荷等措施。由于《条例》颁布时间较晚，现行安全稳定标准均未考虑《条例》的约束，允许的切负荷量可能达到《条例》规定的事故等级标准，不利于安全稳定措施的制定和落实，也可能影响到电网的安全稳定运行和输电通道能力的发挥。

根据我国电网安全稳定特性及控制要求的变化情况，在完善我国现行电网安全稳定相关标准方面提出以下建议：

（1）进一步深入研究电压稳定和动态稳定的特性、机理和影响因素，完善静态电压稳定、暂态及中长期电压稳定以及动态稳定实用化评价指标及量化判据，指导电网的规划设计和安全稳定运行。

（2）分析研究现行《导则》与《条例》的适应性，使《导则》与《条例》的相关规定相协调。

（3）研究现有三级安全稳定标准对电网发展的适应性，根据电网发展需要对三级安全稳定标准对应的故障划分、安全稳定控制措施的配置等进行调整，适当提高电网设防标准，细化三级安全稳定标准中对安全稳定控制措施适用性的规定，区别对待切机和切负荷措施，明确电网可以承受的措施量。

（二）规划设计类标准

多年来，电力系统规划设计可参考的标准包括《导则》类普适性的安全稳定标准，以及非强制性的《电力系统设计技术规程》《电网规划设计内容深度规定》等规范。目前，随着电网运行特性和外部环境的变化，完善相关标准和加强标准指导的重要性日益突显。

（1）规划设计与运行分析的技术规定要协调。长期以来，我国电力系统规划设计与调度运行在安全稳定分析方面是并行的两条线，本着远粗近细的原则各自开展工作，在规划设计与调度运行的衔接方面存在不足。为此，国家电网公司专门设立了中长期规划滚动修编和电网2～3年安全稳定滚动校核机制，深化对近期规划方案的安全稳定分析，促进规划方案向调度运行的平稳过渡，也能够及时对中远期规划方案的改进和完善提出建议。

针对规划设计和调度运行在基础数据、计算模型方面的协调问题，在国家电网规划层面已经开展了规划与调度运行数据对接和标准统一的相关工作，并已取得了实效。在省级电网规划层面，这一工作也需要加快开展。

（2）规划阶段安全性与经济性要合理平衡。规划是电网发展的龙头，规划的节省是最大的节省。规划方案的确立是技术经济的优化比选过程。一般而言，电网的冗余度越大其安全性越高而经济性越差，所以理论上不存在安全性和经济性均是最优的规划方案，而是在安全性与经济性之间找到一个“平衡点”。从近几年规划工作的成果来看，“平衡点”的获取比较困难。主要原因在于难以将安全性的效益折算成经济性，无论是指标还是方法都还不健全。交流电网工程一般有输电或者构建网架两个主要功能，对于以输电为主的工程，则其经济性比较容易评估，但承担网架功能的工程，往往其发挥提高系统安全稳定性的功能更为重要，因此将安全性（包括可靠性）用合理的方法折算成经济指标则能够为“平衡点”的获取提供有益的参考。张东霞等曾对该方法开展了比较深入的研究，但由于其评价体系中专家打分的因素权重较大（这是现有方法的通病），所以实际操作仍然难以避免主观因素的影响。

综上所述，为深化电网规划设计工作，迫切需要开展相关的标准制定和完善工作：

（1）开展电网规划设计分析深度规定的修订、调整，注重与调度运行在电网安全稳定分析、稳定控制设计等方面的技术规范相衔接，明确规划阶段安全稳定分析的具体内容、方法、数据标准、模型参数等，并将其上升为国家标准。同时开展与安全性相关的实用化经济性指标和方法研究，并将其一并纳入深度规定。

（2）在《导则》等标准中，针对规划设计、调度运行等不同的特点和具体要求，调整、完善相关条款。

（三）运行控制类标准

电力系统运行控制类的技术标准主要针对运行控制环节中涉及的技术给出系统性、原则性的规定，给相关工作人员提供操作性较强的技术指导。目前的运行控制类标准基本围绕以“安全稳定控制三道防线”为主体的安全稳定防御体系而制定，其中主要标准包括：

（1）《电力系统安全稳定控制技术导则》，定义并规范了“三道防线”及其对应的控制措施，以及安全自动装置的设计、配置和管理。

（2）《电力系统自动低频减负荷技术规定》，规定了电力系统自动低频减负荷装置配置和整定的基本原则、要求和方法。

（3）《电力系统自动低压减负荷技术规范》，规定了电力系统自动低压减负荷装置配置和整定的基本原则、要求和方法。

运行控制类标准经过多年发展，如今已经较为成熟，并在保障我国电网安全稳定运行方面发挥了重要作用。但是，由于该类标准与电网日常生产运行息息相关，它们对电网运行控制方面的新特点和新变化应该及时跟进。随着电网的发展和外部政策条件的变化，电网运行控制方面已经出现了一些新的变化和特点，相应对运行控制类标准也提出了新的要求，主要包括：

（1）系统特性复杂化，对协调控制提出了更高要求。大量间歇式新能源电力接入、电网侧层级增多、大容量交直流混联、多回直流密集落点等增加了电网运行的复杂性。通过仿真计算发现，某些故障情况很难用单一措施去保障电网的安全稳定运行，必须采用多种措施的协调控制，如针对德宝直流闭锁故障，采用了直流紧急功率支援和切负荷相配合的措施。在目前运行控制类标准中，对不同控制措施之间的协调配合原则未做明确的规定，因而在实际生产中制定策略时随意性较大，不能充分发挥协调控制的综合优势。

（2）二、三道防线措施配置应当更为灵活。在目前的“三道防线”体系中，二、三道防线措施分别针对不同类别的故障制定，两者之间界限比较清晰。但随着电网的发展，从实用的角度出发，某些情况下需要打破这种界限。如目前的华北-华中联网系统，联络线附近部分500kV线路 $N-2$ 故障时，主动解列联络线反而可以避免大量切机、切负荷，对电网产生的影响更小。

（3）D5000调度系统、广域测量系统（wide - area measurement system，WAMS）、

电力系统稳定分析软件 DSA 的逐渐成熟，使得在线优化控制成为可能。在线优化控制可以根据系统的实时运行状态动态调整控制策略，提高控制策略的针对性和有效性，减少不必要的切机、切负荷量，因而一直是运行控制领域的重点发展方向。目前，这类系统基本上起到了给调度员决策提供参考的作用，还未实现真正的控制。有必要在控制类标准中规范这类控制系统的应用原则和应用方法，推动相关技术进一步发展。

随着电网规模的逐渐扩大，特高压、远距离、大容量交直流输电工程的不断投运，电网运行方式日益复杂多变。为了适应上述新变化和新问题，运行控制类标准需要在以下几方面进行完善：

(1) 在《电力系统安全稳定控制技术导则》中增加对于各类控制措施协调配置的原则性规定，在综合考虑各类控制措施时，优先采用经济性好、可靠性高的控制措施，如直流紧急功率支援等，将经济性较差、影响较大的控制措施作为后备措施。

(2) 在运行控制类标准中对目前安全稳定控制“三道防线”对应控制措施的描述做适当的调整，增加控制措施配置的灵活性和有效性。例如，在适当的情况下考虑将直流调制作为直流运行特性的一部分，不作为紧急控制措施考虑；或者将单极闭锁后另一极转带部分负荷作为直流运行特性的一部分，不作为紧急控制措施考虑等。

(3) 在《电力系统安全稳定控制技术导则》中加入相关条款，对成熟控制技术的应用做出指导性的建议，逐步引导相关系统的发展和应用，从而提高系统的运行控制水平。

(四) 网源协调类标准

电源作为电力系统中最重要的动态元件，不仅承担电力生产任务，在电力系统安全稳定运行中还发挥着基础性、关键性的作用。当电力系统遭受故障时，电源应积极发挥其应有的电压、频率支撑作用，与电网控制措施相协调，保障电力系统安全稳定运行。

我国电力系统在长期的研究实践过程中，总结形成了一些网源协调经验，分布在多个标准中，为保障电力系统安全稳定运行发挥了积极的作用。这些标准的特点是针对具体的电力设备分散提出了性能要求。例如，《电力系统稳定器整定试验导则》对励磁系统中的附加控制提出了性能要求和试验测试方法，《大型发电机变压器继电保护整定计算导则》对常规电源继电保护的配备和参数整定提出了要求和实施方法，《风电场接入电网技术规定》对风力发电机组的主控、低电压穿越等性能提出了要求。这些标准的执行保障了各种发电设备自身的安全，但是在电力系统异常运行情况下，如何统筹调动众多发电设备的动态支撑潜力，共同防范扰动冲击对电力系统安全稳定运行造成的危害，还需要进一步完善。

当前，电力系统发展面临一些重大的新形势，给网源协调带来许多新的挑战；电力生产和消费的迅速发展、大规模电源集中接入的出现，使电网的利用率提升，对电网的安全稳定也提出了新要求。应对这种情况，不仅电源自身要适应各种严重故障，起到基础支撑作用，更需要电网进行全局的优化协调，以发挥电力系统所有元件的合力。可再生电源大规模并网，在提供绿色能源的同时，也给电力系统安全、经济运行带来诸多问题，制约了可再生电源的发展速度，需要加强网源协调研究，形成以技术标准体系为指导、试验验证为检验、在线监测为评价的工作机制。

为适应电力系统发展，网源协调标准还需要在以下几个方面进行完善：

(1) 完善和加强电源控制保护系统的协调性方面的标准，尤其是保护系统与电网的协调标准。长期以来，在相关技术标准中对于电源保护的设计与整定都是基于单机系统，没有就机组与机组、机组与电网的协调配合提出相应的要求。如对电网内各发电机的高频保护、超速保护没有考虑一定级差，在系统遭遇故障扰动时可能导致大量机组的保护同时动作，没有做到分轮次先后动作，反而可能加速系统失去稳定。又如目前火电厂重要辅机上的变频器保护配置缺乏标准，曾经发生过变频器因电网瞬时故障的低电压而闭锁，最终导致机组切机的事故。因此，有必要提出发电机组保护系统与电力系统安全稳定运行相协调的要求。

（2）完善电源重要控制设备的入网检测、并网验证、商运实时监测的全过程网源协调技术标准。对电源设计、建设和运行的全过程进行技术监管，最大限度地避免因电源自身问题引发电网安全问题。

（3）完善可再生电源网源协调标准，为其大规模并网提供技术保障。可再生电源单机容量小、机组数量大、制造厂商多，这些特点导致其网源协调难度更大。应加紧制定包含实时在线风电性能监测评价的全过程技术监督标准，保障电网安全，促进可再生电源的稳步发展。

（五）仿真建模类标准

由于电力系统的特殊性，评估电力系统的安全稳定水平、确定网架结构和运行方式、制定安稳控制措施等主要依赖于仿真分析手段。某种程度上，仿真分析技术的水平直接影响电力系统规划和运行的水平。仿真建模类标准主要对仿真分析中涉及的数据格式、计算方法、判别标准等各个方面进行规范，给出相应的原则或建议。这类标准主要包括《电力系统安全稳定计算技术规范》《电力系统分析计算用的电网设备参数和运行数据的规范》以及发电机等重要设备的建模规范等。其中，《电力系统安全稳定计算技术规范》的制定主要是为了规范电力系统安全稳定计算分析工作，提高计算分析工作的水平，从而提高电网的规划、试验、运行的水平。该规范在术语和定义、目的和要求、基础条件、方法和判据、安全稳定计算分析和提高稳定性的措施等方面都做了详细规定。《电力系统分析计算用的电网设备参数和运行数据的规范》主要关注安全稳定计算用的电网设备参数和运行数据，服务于区域电网、省级及市级电网运行调度、规划设计部门的计算数据交换及管理工作。发电机等重要设备的建模规范针对特定设备的仿真建模进行具体规定。

高精度是仿真建模技术的核心要求。为了不断提高仿真计算的精度，电力工作者在计算理论和方法、建模理论和方法、具体设备建模等方面不断开展研究和实践，取得了众多的成果，仿真建模类标准就是这些成果的总结。目前，仿真建模类的大部分标准都在近年有过修编，因而该类标准在整体上与目前的电网发展状况是相适应的，但有如下几个方面需要进一步深入研究和完善：

（1）机电暂态仿真中直流输电系统的精细化模拟。2012 年，我国建成投运的直流输电线路（含背靠背直流工程）达 19 条，我国成为世界上投运直流最多的国家，且未来还将规划建设大量直流工程。可以预见，随着直流工程的增多，直流输电系统的动态特性对于系统稳定性的影响将越来越大，因此，需要加强对直流输电系统模型精细化模拟的研究，提高其计算精度。

（2）风电场、光伏电站等间歇式能源动态特性的模拟。风电等间歇式能源经过最近 10

年的迅猛发展，在东北、西北等间歇式能源装机比例较大的电网中，其动态特性已经成为影响电力系统安全稳定运行的重要因素之一。然而，目前风电等间歇式能源的建模验证工作还落后于间歇式能源自身的发展，需要进一步完善相关标准和规范。

（3）扰动后中长期过程的模拟。国内外各种电力系统稳定性问题分类中，针对功角、电压、频率三大稳定性问题，常常根据时间长短将扰动后的动态过程分为短期（暂态）及中长期两个子类。由此可知，扰动后的中长期过程是电力系统稳定性问题中不能忽略的组成部分。但是目前的实际工作中，对于中长期过程关注非常少，相应的标准也少有涉及该方面的内容。

针对上述问题，仿真建模类标准还需要在以下几个方面进行完善：

（1）在仿真建模类标准中对直流模型建模理论和方法、建模流程、模型和参数的管理等方面的内容进行规范，明确要求直流工程设备厂商必须向电网运营企业提供可满足电网安全稳定分析需要的直流电磁暂态和机电暂态模型及参数，在此基础上完善电网运行方式分析中的直流输电系统模型及参数，提高直流输电系统动态特性模拟的准确度。

（2）尽快制定可再生能源发电机组的模型参数管理标准，明确要求可再生能源发电设备厂商并网运行前必须向电网运营企业提供可准确反映其机组动态特性的模型及参数，推动间歇式能源发电机组建模工作的深入开展。

（3）为保障电网稳定性分析工作的全面性和准确性，在《电力系统安全稳定计算技术规范》等相关标准中增加对于中长期过程仿真分析的内容。

四、本节小结

电力系统安全稳定标准对电力系统规划设计、运行控制、网源协调、仿真建模等各个方面的工作具有指导和约束的作用。要适应管理体制的变化，电力系统结构、规模以及新技术的发展，保障电力系统的安全稳定运行，电力系统安全稳定标准的研究工作还需要进一步深化。

目前，应着重在以下几个方面进行深入研究：

（1）完善电力系统安全稳定的评价标准，指导我国电力系统的规划设计和安全稳定运行。

（2）深化电网规划设计相关规定的内容，为电力系统规划设计中安全性和经济性的平衡提供标准化的评价方法。

（3）不断完善运行控制标准，增加运行控制措施的可靠性和灵活性。

（4）完善网源协调的标准体系，加强电源控制保护系统与电网的协调性。

（5）推动精细化仿真模拟的标准化工作，进一步发挥仿真分析在电力系统安全稳定工作中的作用。

第二节　电力系统安全稳定性规划

一、概述

保证电力系统的安全稳定运行是当前人们极为重视的问题。提高电力系统安全稳定的措施主要有两方面：一是加强建设和合理安排电网结构；二是采用较完善的安全稳定控制措施。前者投资一般很大，但能可靠的在各种条件下提高安全性；后者所需资金较少，但可信赖程度稍差。

普遍认为电力系统正常运行及常见的扰动情况应由电网结构保证安全稳定，而对于一些较严重和出现概率较低的扰动，采用控制措施是合理的。可是在实际工作中人们还常常认识不一致。对于某一具体情况，是增建电力设施还是采用控制措施？采用控制措施要求保证系统安全到何种程度？对这些问题是经常出现分歧。本节从对电力系统在各种扰动下的安全要求出发，提出安全稳定控制的配置应用原则，并对各类安全稳定控制的目标和手段做简要概述。

二、电力系统安全要求

（一）电力系统在扰动下的安全要求

电力系统的扰动可分为小扰动和大扰动。小扰动指系统中负荷和发电机及其调节系统的经常变化，要求电力系统有足够的阻尼力矩，使在这种小扰动下不致发生自发振荡。大扰动指系统中因故障短路或操作等引起的功率或电网结构变化，一般按其严重性及出现概率分为若干类，针对不同的扰动情况对系统提出不同的安全要求。

我国原电力工业部颁布的《电力系统安全稳定导则》将电力系统的大扰动分为三类：第Ⅰ类，单一故障（出现概率较高的故障）；第Ⅱ类，单一严重故障（出现概率较低的故障）；第Ⅲ类，多重严重故障（出现概率很低的故障）。针对不同的扰动情况，提出了不同的安全要求。

（二）正常运行安全要求

电力系统正常运行时，应具有足够的供电充裕度和必要的运行安全裕度。此外，还应具有必要的系统阻尼水平，不致因小扰动或调节装置的作用而出现自发振荡。

（1）承受第Ⅰ类大扰动时的安全要求。电力系统承受第Ⅰ类大扰动时，应能保持稳定运行和正常供电，即电力系统能保持在安全状态或警戒状态，不致进入紧急状态。

（2）承受第Ⅱ类大扰动时的安全要求。电力系统承受第Ⅱ类大扰动时，应能保持稳定运行，参数不会偏离允许范围，但允许损失部分负荷，即电力系统可能进入紧急状态，但可通过适当的控制使其恢复正常运行。

（3）承受第Ⅲ类大扰动时的安全要求。电力系统承受第Ⅲ类大扰动时，如不能保持稳定运行，则必须防止系统崩溃，并尽量减少负荷损失，即系统可能进入特急状态，但应采取必要的措施，防止造成大面积停电。

（4）在某些特殊运行方式下的安全要求。如电力系统由于某种原因初始状态处于不安全状态，即警戒状态（如事故后尚未及时调整或某种特殊情况下要求强行多送电，例如水电站弃水），在承受上述各类扰动时，允许按规定适当降低要求的安全水平。

值得指出的是，这种按扰动分类并分别提出要求的做法，是世界上很多国家都采用的方法。例如，北美电力系统可靠性协会（NERC）最近提出的规划标准和日本电力系统的可靠性标准，都是将故障分为三类，对各类故障提出与我国标准类似的要求。但应指出，这些国家的标准中每一类故障的具体形态与我国规定有区别，通常较我国规定的严重。例如，NERC标准中第Ⅰ类为导致失去单个元件的故障，第Ⅱ类为导致损失2个或更多元件

的故障，第Ⅲ类为导致损失 2 个或更多元件或连锁停运的故障。

三、电力系统安全稳定控制的类型

电力系统安全稳定控制主要有以下两类：

(1) 预防控制（Preventive Control）。电力系统正常运行时由于某种原因（运行方式恶化或扰动）处于警戒状态，为提高运行安全裕度，使电力系统恢复至安全状态而进行的控制。

(2) 紧急控制（Emergency Control）。电力系统由于扰动进入紧急状态或特急状态，为防止系统稳定破坏、防止运行参数严重超出允许范围，以及防止事故进一步扩大造成严重停电而进行的控制。

预防控制主要是改变系统的运行点，使处于警戒域的运行点移至安全域。紧急控制是改变系统的稳定边界，使故障后的运行点仍处于稳定状态。因而两类控制的特性和工作模式有很大差别（见图 4.2）。前者一般是经常处于工作状态的连续工作方式，后者是在事故扰动下才启动工作的断续工作方式。

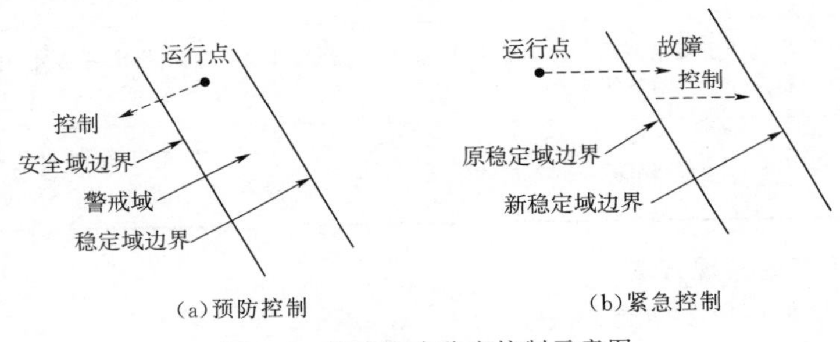

图 4.2　两类安全稳定控制示意图

四、安全稳定控制的配置原则

（一）正常运行状态下的安全稳定控制

为保证电力系统正常运行状态及承受第Ⅰ类大扰动时的安全要求，应由合理的电网结构、相应的电力设施及其固有的保护和控制装置，以及预防性控制构成保证电力系统安全稳定的第一道防线。预防性控制包括发电机励磁调节的附加控制（如 PSS、NEC 等）、并联和串联电容补偿控制、直流输电功率调制和其他 FACTS 等。

（二）紧急状态下的安全稳定控制

为保证电力系统承受第Ⅱ类大扰动时的安全要求，应由防止稳定破坏和参数严重越限的紧急控制构成保证电力系统安全稳定的第二道防线。这种情况下的紧急控制包括发电机强行励磁、串联或并联强行补偿、切除发电机、汽轮机快控气门、动态电阻制动和特定条件的切负荷等。

（三）特急状态下的安全稳定控制

为保证电力系统承受第Ⅲ类大扰动时的安全要求，应由防止事故扩大避免系统崩溃的紧急控制及恢复控制构成保证电力系统安全稳定的第三道防线。这种情况下的紧急控制包括系统解列、低频和低压紧急减负荷等。恢复控制包括发电机快速启动，解列部分再同步并列运行，输电线重新带电，用户重新供电等。

（四）安全稳定控制系统的协调配合

电力系统中安全稳定控制系统的配置应使各控制系统之间做到协调配合，包括：

（1）互为补充和备用：例如系统解列作为稳定控制的备用等。

（2）动作有选择性：例如系统中不同地点的解列装置必须具有动作选择性。

五、电力系统安全稳定的预防控制

（一）预防控制的目标和手段

预防控制的目标和手段见表 4.1。

表 4.1　预防控制的目标和手段

控制内容	控制目标	控制手段
功角及潮流控制	保持正常运行及规定扰动条件下的稳定性；防止正常及 $N-1$ 时设备过负荷	发电机功率控制负荷转移或切除；开合线路改变电网结构；线路潮流控制
频率控制	保持频率于规定范围；保持联络线功率于目标值；保持适当的运行功率备用	发电机有功功率控制；改变电网结构；启停发电机组
电压控制	保持电压于规定范围；合理分配无功功率；保持正常运行及规定扰动条件下的电压稳定性	发电机励磁控制；投切并联无功补偿设备 SVC、STATCOM 等
阻尼特性控制	保持系统必要的阻尼力矩水平	发电机励磁附加控制（PSS、NEC 等）、直流调制、FACTS 等

（二）预防控制的实现方法

预防控制通常采用以下两类方法：

（1）监视运行参数并与目标值进行比较。如对系统功角、线路潮流、母线电压、系统频率等实际运行参数进行监视，并与事先确定的运行目标值进行比较，如不一致则进行必要控制以消除这种差别。

（2）按假设故障仿真进行监视。根据系统的在线运行信息，按当时或以后短时（数分钟至数小时）可能的变化情况，假设各类故障进行仿真，如仿真结果出现稳定问题或参数严重越限，则进行相应控制以消除不安全因素。

六、电力系统紧急控制

（一）紧急控制的目标和手段

紧急控制按目标可分为两类：一类是防止稳定破坏的稳定性控制；另一类是防止系统参数严重偏离允许值的校正性控制。后者包括限制频率异常、限制电压异常、限制设备过负荷和制止系统失步。紧急控制的控制目标与控制手段如图 4.3 所示。

（二）紧急控制实现方法

实现紧急控制通常采用以下方法：

（1）按扰动特性及严重性实施控制。这种方法是在故障前通过计算分析，确定各种故障扰动时可能出现的问题和所需的控制作用及控制量，例如是否会出现稳定破坏问题，运行参数是否会超出允许范围等，针对这些问题，确定需要采用的控制措施。当控制系统在运行中检测到某种扰动，即可根据预先确定的控制内容进行控制。计算分析确定控制量的

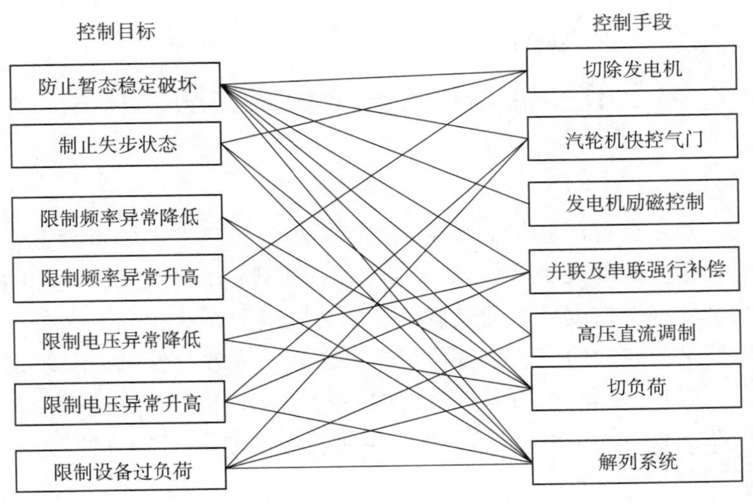

图 4.3 紧急控制的控制目标与控制手段

方法有两种：

1）离线计算。考虑可能出现的运行方式，假设各种故障扰动进行计算分析，将分析结果编制成控制逻辑或策略表，存储于控制装置中，以便扰动发生时调用。

2）在线故障前（准实时）计算。根据在线运行方式，假定各种故障扰动周期性（例如几分钟）进行计算分析，将分析结果存储于控制装置中并周期性更新。当扰动发生时，即可调用扰动前的计算结果。这种按扰动情况的控制能够在扰动发生时立即实施，动作快，效果好。稳定性控制一般采用这种方式。控制原理为人们所熟悉，得到了广泛应用。但装置和计算分析较复杂，对系统发展变化的适应性较差。

（2）按扰动后系统参数变化特性进行控制。这种方式是根据系统扰动后的功角、电压、电流和频率等参数的实时值及其变化率进行控制。控制数据由预先的计算确定。校正性控制一般采用这种方式。这种控制与扰动的原因无关，因而有较好的适应性。特别是作为第三道防线的紧急控制，由于对复杂故障的具体形态很难事先预料，因而也很难按扰动情况进行控制，只能按扰动后参数变化特征进行控制。这种控制的动作时间一般较慢，对于变化极快的暂态过程有时不能达到所需的效果。

上述两类方法各有特点，一般可根据具体的系统条件和扰动情况选定。也可两类控制同时应用，例如将按扰动控制作为主要控制措施，将按参数变化控制作为备用控制措施。

七、本节小结

电力系统安全稳定控制，应根据电力行业标准《电力系统安全稳定导则》规定的电力系统在各种状态下的安全要求而进行规划配置。通常配置“三道防线”：第一道防线由电力设施、发电机及电网的固有保护控制装置和预防性安全稳定控制构成；第二道防线由防止稳定破坏和参数越限的紧急控制构成；第三道防线由防止事故扩大，避免大面积停电的紧急控制构成。预防控制的特点是改变系统的运行点，使其由警戒状态转为安全状态。紧急控制的特点是改变系统的安全稳定边界，使故障后的运行点仍处于安全稳定状态。

第三节　电力系统安全稳定性防御体系

一、概述

电力系统安全稳定运行问题是一个关系到社会稳定和经发展的世界共性问题，历来受到各国政府及电力企业的高度关注。从 20 世纪 60 年代起，大面积停电事故就时有发生，每次大面积停电事故都会造成巨大的经济损失。各国电力企业投入了大量的人力和财力开展保障电力系统安全问题的研究，也取得了令人瞩目的成效，使电力系统发生大面积停电的次数越来越少。但是，随着电力系统规模的不断扩大，电力系统结构的日趋复杂，电力系统安全问题仍然没有得到彻底解决，2003 年北美东部电网“8・14”大停电就是一个举世瞩目的例证。

为此，电力系统领域的专家和学者仍在不遗余力地对电力系统安全防御问题持续开展深入的研究，力图在理论上有所突破，在技术上有所创新。

为满足电力负荷持续快速增长的需求，我国正在建设世界上电压等级最高、规模最大的交直流混合电力系统。为此，构建安全可靠的电力系统综合防御体系，研究能够有效地降低大面积停电风险的技术手段，确保我国电力系统的安全稳定运行，是我国电力系统发展面临的基础性、关键性和迫切性问题。

本节从电力系统安全保障体系（主动安全）和电力系统安全稳定控制体系（被动安全）两方面出发，提出电力系统综合安全防御体系框架，为保证电力系统安全稳定运行提供理论支持。

二、电力系统安全稳定综合防御体系

对电力系统规划和运行而言，安全是永恒的主题。电力系统规划设计和调度运行要把电力系统安全放在首位，务必保证电力系统的安全稳定运行。为预防电力系统大停电事故的发生，必须构建坚强的电力系统综合安全防御体系。电力系统安全防御是一个综合性问题，涉及电网结构、自动控制、运行方式计划、安全稳定控制、防止大面积停电等各个方面，是一个极其复杂的系统工程。从总体上说，电力系统安全稳定综合防御体系分为电力系统受扰动前的安全保障系和电力系统受扰动后的安全稳定控制体系。从一般的安全理念讲（如汽车安全、网络安全等），从主动安全和被动安全两个方面构建电力系统安全稳定综合防御体系。

对于电力系统而言，主动安全就是电力系统受扰动前的安全保障体系，是一种主动的、积极的防止电力系统发生安全稳定事故的安全保障体系，主要是指提高电力系统安全性和可控性的措施；被动安全就是电力系统受扰动后尽可能地保持电力系统稳定运行、不发生大面积停电事故的安全稳定控制体系，主要是指保证电力系统受到扰动后的安全性和稳定性的措施，即传统的电力系统安全稳定“三道防线”。电力系统安全稳定综合防御体系框架见图 4.4。

电力系统的安全稳定综合防御体系应从电力系统安全保障体系（主动安全）和电力系

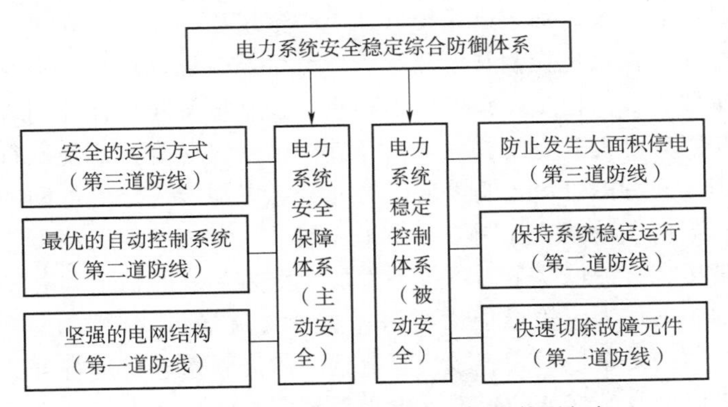

图 4.4　电力系统安全稳定综合防御体系框架

统安全稳定控制体系（被动安全）两方面加以保证，在完善传统的电力系统稳定“三道防线”的同时，加强电力系统的主动安全水平，构建电力系统安全保障体系（主动安全）“三道防线”。

三、电力系统安全保障体系三道防线（主动安全三道防线）

（一）坚强的电网结构，奠定电力系统安全的坚实基础

坚强的电网结构是电力系统安全的物质基础，是电力系统安全保障体系（主动安全）的第一道防线。

实践证明，电网规划必须考虑电力系统安全稳定运行的要求。如果电网规划缺乏安全约束条件，特别是电网结构不合理，将给电力系统的安全稳定运行带来严重后患。

坚强的电网结构是指为了保证各种正常和检修运行方式下的送电和用电需要，满足《电力系统安全稳定导则》规定的承受故障扰动的能力和具有灵活的适应性，以及主干输电网应具备的结构、容量和灵活性品质。坚强的电网结构是保证电力系统安全稳定的基础。在电网规划设计中，应从全局着眼，综合分析系统特性，充分论证，统筹考虑，合理布局，加强主干网络。随着我国特高压交直流混联电力系统的逐步形成，电网形态日趋复杂，给电网规划设计提出了更高的要求。为提高电力系统构建的科学性与合理性，需要建立电力系统构建理论体系，研究交直流电网合理建设规模，完善多直流馈入受端电网安全评估方法；从理论上解决交直流协调发展、受端电网合理受电规模问题，正确评价电网经济效益和综合效益，从规划角度提高电网的输电能力以及大规模新能源的接纳能力，提升电力系统规划理论和支持技术水平，为构建坚强特高压交直流混合电力系统提供理论和技术支撑。

（二）最优的自动控制系统，提升电力系统的安全运行水平

电力系统是一个复杂的非线性动态大系统，其自动控制系统是电网安全保障体系（主动安全）的第二道防线。

虽然电网结构越坚强越好，但是在实际电网构建中，还要受到技术、经济、环境等各种因素的制约，不可能仅仅依靠坚强的电网结构来保证电网的绝对安全。

在电网结构确定的情况下，进一步提高电力系统主动安全的防线就是电力系统的自动控制系统。电力系统中最重要的动态元件是发电机组，其控制技术已得到深入研究，发电

机调速控制、励磁控制以及附加控制系统（如电力系统稳定器）已在电力系统中得到了广泛应用；发电机组非线性最优控制技术和基于广域量测系统（WAMS）的电力系统广域阻尼控制技术有了重要进展。但是，在考虑多种新型控制设备和多种控制方法并存的优化策略研究方面还有相当大的提升空间；发电机及其控制系统对电力系统运行控制的优化协调作用尚未充分发挥；现有的直流控制策略没有充分考虑与接入交流电网的相互影响；考虑交直流协调和多直流协调的综合控制方案尚未成型。

随着我国特高压交直流混联电力系统的发展，电力系统的稳定问题日益突出、交流通道承受潮流转移的压力加大、输电能力受限；灵活交流输电（FACTS）设备的大量应用增加了电力系统控制的复杂性；大容量交直流远距离混联送电，运行方式多变，局部分散控制难以适应未来电网复杂多变的形态。电力系统面临的这些新问题和挑战，对其自动控制水平提出了更高的要求。另外，为解决电力系统建设的过渡期所面临的运行控制问题，需要充分利用先进控制理论和广域信息，优化电力系统自动控制系统，提升电力系统安全运行水平；加强交直流广域协调控制技术的应用研究，全面提升电网的综合控制能力和安全稳定运行水平。

（三）安全的运行方式，保证电力系统运行在安全水平

在电网结构和自动控制系统确定的条件下，保证电力系统运行在安全水平的运行方式的计划与调度，是电力系统安全保障体系（主动安全）的第三道防线，也是主动安全的最后一道防线。电力系统运行方式的总体计划，一般由各级调度部门的年度运行方式计算分析确定。但是，在日常调度运行中，还要依靠电力系统调度自动化系统、在线安全预警和辅助决策系统，来掌握电力系统运行方式变化，并根据《电力系统安全稳定导则》规定的安全稳定三级标准的要求，及时进行预防性控制，保证电力系统运行在安全的水平。因此，需要进一步提升电力系统调度运行在线安全分析技术和运行支撑技术，完善电网运行在线评估和辅助决策支持技术，为运行方式的优化提供决策支持，保证电力系统运行在安全稳定范围内。随着我国电力系统的发展，受端系统大容量多直流集中馈入，受电比例越来越高，电力系统稳定问题越发突出，需要研究适应电力系统发展要求的电压稳定评估和动态无功备用容量优化新技术；特高压交直流混联系统运行方式复杂多变，风电、光伏等新能源大规模接入和FACTS技术的广泛应用，增加了电力系统运行方式的多变性和复杂性，需要研究在线安全评估、预警及辅助决策技术；由于特高压交、直流输电通道具有远距离、大容量的特点，自然灾害等外部因素对电力系统安全稳定运行的影响显得更加突出，需要研究考虑自然灾害等不确定性因素的电力系统安全运行预警及辅助决策技术。

四、电力系统稳定控制三道防线（被动安全三道防线）

（一）快速切除故障元件，防止故障扩大

电力系统安全稳定控制系统体系（被动安全）的第一道防线是快速切除故障元件，防止故障扩大。主要由性能良好的继电保护装置构成，要求能够快速、精确、可靠地切除故障元件，将故障的影响限制在最小范围内，有效防止故障扩大。

快速、精确、可靠切除故障元件，必须确保继电保护系统和断路器可靠地正确动作，所以要加强二次设备管理，排除隐性故障，确保各种装置在各种可能情况下正确动作，不发生误动、拒动，有效防止故障的扩大。随着我国电力系统的发展，需要进一步深入研究

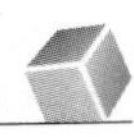

特高压交直流混联电力系统的故障电气特性以及对继电保护的影响和对策；研究含大功率电力电子元件的灵活交流输电系统（FACTS）对继电保护的影响；研究大规模间歇式可再生能源发电接入后电力系统故障特征及保护配置和整定技术；研究适应特大型特高压交直流电力系统要求的继电保护标准体系；研究电力系统继电保护与控制系统的隐性故障特征挖掘、辨识、预警及预防技术。

（二）采取稳定控制措施，保持系统稳定运行

电力系统安全稳定控制系统体系（被动安全）的第二道防线是采取必要的切机、切负荷、解列、直流调制等安全稳定控制措施，防止系统失去稳定。

在故障扰动发生后，第一道防线正确动作切除故障元件，但由于故障比较严重，或第一道防线不正确动作导致故障扩大，而可能导致电力系统失去稳定时，为保持电力系统受扰动后的稳定运行而采取的措施，就是电力系统安全稳定控制系统（被动安全三道防线）的第二道防线，主要由电力系统安全稳定控制装置构成，要求能够准确、可靠地动作，保证电力系统能够维持稳定运行。

随着电力系统安全稳定控制技术的发展，需要进一步深入研究基于广域同步实测动态响应轨迹的电力系统特性分析及控制策略，研究基于广域量测信息的主动自适应解列方法，间歇式可再生能源大规模并网安全稳定控制策略，交直流混联电力系统的协调控制技术，受端电力系统电压稳定紧急控制策略研究。特别是基于响应的电力系统安全稳定控制技术研究。

（三）系统失去稳定时，防止发生大面积停电

电力系统安全稳定控制系统体系（被动安全）的第三道防线是在系统失去稳定后，为防止发生大面积停电，而采取的解列、切负荷、切机等措施以及调度运行人员采取的紧急措施。

在电力系统安全稳定控制系统（被动安全）第二道防线正确动作但故障的严重程度超出的第二道防线的设防范围，或第二道防线不正确动作导致系统稳定破坏时，为使稳定破坏的影响限制在最小范围、不发生大面积停电事故而采取的措施，就是电力系统安全稳定控制系统（被动安全）的第三道防线，也是最后一道防线。主要由失步解列、高频切机、低频切负荷、低压切负荷等自动装置和调度运行人员采取的紧急措施构成，要求能够有效防止大面积停电。

在自动控制方面，需要深化研究电网连锁反应故障和大面积停电发生的机理和特性；研究特大规模电网第三道防线配置及控制策略、研究大规模可再生能源并网与低频低压减载、解列、高周切机等第三道防线措施交互影响及协调控制策略。

在调度紧急控制方面，由于在系统稳定破坏的紧急控制中，调度员的紧急事故处理，已是防止大面积停电事故的最后一个环节。因此，在紧急事故处理时，调度员要掌握电力系统运行状态，判断事故发生性质及其影响范围，熟悉电力系统事故应急预案，采取一切必要手段，控制事故范围，有效防止事故进一步扩大，尽可能保证主网安全和重点地区、重要城市的电力供应。在事故处理中要敢于舍弃局部，保全整体。杨以涵、张东英等指出，多年的运行经验说明，在处理紧急事故时敢于舍弃并不是权宜之计，而恰恰是防止发生大停电的有效手段。2006 年华中电网“7·1”事故的紧急处理过程也充分证明了这一点。

五、本节小结

本节从电力系统安全保障体系（主动安全）和电力系统稳定控制体系（被动安全）两个方面，提出了电力系统安全稳定综合防御体系的框架。电力系统安全保障体系（主动安全）由坚强的电网结构、最优的自动控制系统和安全的运行方式三道防线构成；电力系统稳定控制体系（被动安全）由快速切除故障元件、保持系统稳定运行和防止发生大面积停电三道防线构成。要充分利用信息、计算与控制领域的最新技术，通过构建坚强的电网结构，配置最优的自动控制系统，安排合理的安全运行方式，加强电力系统安全保障体系（主动安全）的三道防线；进一步完善电力系统稳定控制体系（被动安全）的三道防线，保障我国特大规模交直流混联电力系统的安全稳定运行。

第四节　电力系统安全稳定性问题

一、概述

现代电力系统是一个由电能产生、输送、分配和用电环节组成的大系统。同时，由于电能的发、送、变、配、用电各个环节是同时进行，现代电力系统又是一个复杂的实时动态系统，这个系统除了包括发电、送电、变电、配电和用电设备外，还包括监测系统、继电保护系统、调度通信系统、远动和自动调控设备等组成的二次系统。在这个大系统中，其设备众多，分布区域很广，要保证每一台装置设备或每一条输电线路在任何时候都不发生任何故障是绝对不可能的。随着社会生产技术的发展，现代电力系统由于机组容量、电网规模不断扩大，电压等级不断提高，超高压远距离输电以及互联电网形成，使电网结构更加复杂，造成现代电力系统的控制管理极为困难，一个严重干扰都能波及全系统导致瓦解的严重后果。因此，保证电力系统安全稳定运行是一个极端重要的问题，只有在电力系统安全稳定运行的前提下，才有可能进一步考虑运行的经济性等问题。

当前的中国已步入大电网、高电压和大机组的时代。随着我国电力系统的日益发展和扩大，电力系统安全稳定问题已成为最重要的问题，越来越突出。解决好电力系统实时安全分析方法和安全稳定控制技术的研究和应用，已成为电力生产、运行、科研和制造部门的重要任务。不管在任何情况下，电力调度运行部门都要把电力系统安全稳定运行放在首位。

二、电力系统安全稳定的现状

电力系统中各同步发电机间保持同步是电力系统正常运行的必要条件，如果不能使各发电机相互保持同步或在暂时失去同步后不能恢复同步运行，将使电力系统失去稳定。电力系统稳定问题最早应追溯到 20 世纪初。当同步电机由单机运行发展到与其他同步发电机并列运行后，就出现电力系统稳定问题，特别是在发生故障情况下，有可能使发电机失去同步。电力系统稳定的破坏，往往会导致系统的解列和崩溃，造成大面积停电，所以保证电力系统稳定是电力系统安全运行的必要条件。在电力系统稳定研究中，除了维持发电机间的同步运行的稳定性外，还开展了电力系统的电压稳定和频率稳定性问题的研究。

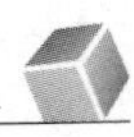

近几十年来，国内外电力系统由于稳定被破坏，曾发生大面积停电事故，对国民经济造成极大损害，使社会和人民生活受到很大影响。

美国1965年东北包括纽约大停电事故，造成21000MW用电负荷停电，停电最长时间13h，停电区域20万km^2，经济损失达1亿美元，影响居民3000万人。事故原因为加拿大拜克水电站向多伦多送电的5条230kV线路中的一条突然跳闸，造成系统稳定破坏。法国1978年12月19日大停电事故，当时由东部向西部送电的一条400kV线路因过负荷跳闸，导致其他线路发生一系列的过负荷跳闸，并造成系统稳定的破坏，最终造成法国全国大部分地区停电。日本1987年7月23日东京电力系统大停电事故是一次典型的电压崩溃事故，事故中负荷停电8168MW，影响280万用户，停电时间长达3h21min，使两个500kV变电站及一个275kV变电所全停，影响日本铁路线13条线路停运，都市自来水中断，银行计算机系统中断，造成社会生活混乱。

1980年7月27日中国安徽电网大面积停电事故，事故起因是由于一台220kV电压互感器爆炸起火，引起二条220kV线路先后跳闸，大量负荷转移到一条与之环网运行的110kV线路上，造成稳定破坏，系统剧烈振荡，最后导致系统瓦解。事故发生后，甩负荷及停电320MW，少送24万kW·h电能，给工农业生产、社会生活造成严重损失。1972年7月20日浙江电网瓦解事故是华东电网的一次严重稳定破坏的大面积停电事故。杭常湖220kV三角大环网是连接上海、杭州、常州为中枢点的三角大环网，这个总长564km的单回线大环网给系统运行带来复杂性。这次杭常湖线故障，造成浙江电网频率崩溃而全面瓦解，两个220kV变电站、23个110kV变电站、近100个35kV变电所停电，全省甩负荷350MW，事故直接损失200万元。1972年中国湖北省电力系统稳定破坏事故，使全省失去约686MW，导致湖北地区大面积停电，使武钢等大厂矿企业受到重大经济损失。

电力发展系统化规模化是电力工业的客观规律，是世界各国电力工业所走的共同道路。苏联已基本上形成了全国统一的电力系统并且与东欧国家互连，形成了更大规模的联合电力系统；西欧各国的电力系统也已互连，形成西欧11国的互连系统。我国已进入高电压、大电网、大机组时代，大区电力系统的装机容量已达20000MW以上，我国电力系统已由以省内为主，发展到跨省的大区电力系统，并且大区电网之间也已开始互连。但是，大电力系统对安全性的要求更高，对运行技术和管理水平要求也更严格。当大电力系统发生事故，特别是发生稳定破坏和不可控的严重连锁反应时，停电波及的范围大，停电时间长，后果严重，特别当电网结构薄弱、管理不善而缺乏必要的技术防范措施时，则某一电气设备故障可能发展成为全面的大面积停电事故，正如上述国内外大停电事故之例。因此，必须把保证大电力系统的安全稳定运行问题放在极为重要的位置，这是从国内外大电力系统发生的多次大停电事故中得出的客观规律。对于我国电力系统，长期以来输变电工程建设落后于发电工程，而发电工程又远落后于负荷增长的需要，电网结构相对薄弱，面对我国电力系统的容量不断增长，如何保证日益发展的大容量电力系统的安全稳定运行，是一项紧急而又重大的任务。

三、电力系统安全与稳定问题的研究

对电力系统而言，安全和稳定都是系统正常运行所不可缺少的最基本条件。安全和稳定是两个不同的基本概念。“安全”是指运行中的所有电力设备必须在不超过它们允许的

电压、电流和频率的幅值和时间限额内运行，不安全后果导致电力设备损坏。“稳定”是指电力系统可以连续向负荷正常供电的状态，有三种必须同时满足稳定性要求：①同步运行稳定性；②电压稳定性；③频率稳定性。

电力系统失去同步运行稳定的后果是系统发生电压、电流、功率振荡，引起电网不能继续向负荷正常供电，最终可导致系统大面积停电；失去电压稳定性的后果，则是系统的电压崩溃，使受影响的地区停电；失去频率稳定性的后果是发生系统频率崩溃，引起全系统停电。

早在20世纪50年代后期，一些西方工业化国家就开始把计算机应用在实现经济调度为主要的目的上。60年代后期以来，美国、法国、日本等国的一些大型电网相继发生了大面积的停电事故，巨大的经济损失和严重的社会影响使各方面深受震动，各国才开始重视电力系统实时安全稳定分析的研究。

（一）电力系统稳定分析研究

电力系统的同步稳定问题一直是人们研究的重要课题。长期以来，无论是经典的还是现代的电力系统稳定性理论，不论在稳定性机理、数学物理模拟、计算方法，还是在控制技术对系统稳定性的影响方面，主要集中在系统功角稳定性的研究上，并且由于控制理论、计算机技术的飞速发展及其在电力系统中的广泛应用，使得人们对于功角稳定性的研究认识达到了很高的阶段，所取得的理论和实用性成果，对系统安全运行发挥了巨大的作用。

电力系统的同步运行稳定分析一直是电力系统中最为关注的一种稳定性。在我国的现行规则上，把电力系统的同步运行稳定性分为三类：静态稳定、动态稳定和暂态稳定。但迄今为止，国际上对电力系统同步稳定性并没有统一的标准定义。1982年IEEE（电气和电子工程师协会）提出新的建议，并定义如下：

（1）电力系统的静态稳定性：如果在任一小扰动后达到扰动前运行情况一样或相接近的静态运行情况的话，电力系统对该特定静态运行情况为静态稳定，又称为电力系统的小干扰稳定性。

（2）电力系统的暂态稳定性：如果在该扰动后（如三相短路等大扰动）达到允许的稳定允许情况，电力系统对该特定运行情况或对该特定扰动为暂态稳定。电力系统的暂态稳定水平一般低于系统的静态稳定水平，如果满足了大扰动后的系统稳定性，往往可同时满足正常情况下的静态稳定要求。但是，保持一定的静态稳定水平，仍是取得系统暂态稳定的基础和前提，有了一定的静态稳定裕度，就有可能在严重的故障下通过一些较为简单的技术措施去争取到系统的暂态稳定性。目前，对电力系统同步稳定运行的三个方面展开研究：

1）研究分析长距离重负荷线路的静态稳定裕度的计算，将电力系统的数学模型进行线性化处理，采用频域法计算电力系统参数矩阵的特征值和特征向量。出现静态稳定问题的情况，多属单机对主系统模式。

2）最引起研究人员感兴趣的是动态稳定计算分析，但在实际系统中，由于这种模式的稳定破坏并非常见，对其求解方法一般采用数值积分法，如欧拉法、龙格库塔法、隐式积分法的时域分析方法，计算结果给出功角与时间的曲线关系，以判别电力系统的动态稳

定性。

3）用来考虑大扰动对系统稳定运行的影响是暂态稳定问题。最大量的研究分析是暂态稳定性，由于系统的运行操作和故障经常大量发生，因此对暂态稳定性的正确评估，对电力系统安全运行具有头等重要意义。描述电力系统受到大干扰后的机电暂态过程是一组非线性状态方程式，大扰动引起的电力系统动态过程中，系统的许多参量都在大幅度范围内变化，现在的普遍做法是采用时域法，用数值积分法求解非线性方程，求得各机组间的相位差角对时间的变化曲线，或求出某一母线节点电压对时间的变化曲线。虽然用概率和统计分析方法来估算系统的安全性已经作了相当长时间的研究工作，但为了更加适应实时控制快速判断暂态稳定的需要，一些新方法引入到这个领域，如李雅普诺夫函数法、模式识别法、专家系统和人工神经网络等方法。应用李雅普诺夫函数法，首先必须找到一个所谓的李雅普诺夫函数。对一个特定的动态系统，如果找到这样的函数，就不必去求解系统的微分方程组，就可以直接判定这个系统的稳定性。事实上，在很多电力系统暂态稳定性研究中，就是把系统所存储的总能量函数作为李雅普诺夫函数的。19 世纪提出的李雅普诺夫直接法是非线性系统稳定性理论的重大进展，20 世纪 30 年代初期苏联学者不仅用 park 方程研究高电压远距离输电，也提出用能量准则分析电力系统能量积分的论文，直到 60 年代下半叶才出现李雅普诺夫稳定意义上的电力系统稳定分析的论文，70 年代末期在美、日等国提出的暂态能量函数方法是对李雅普诺夫函数法的改进。近 10 多年来，国内外学术界在其函数构造、稳定域估计、动态安全分析与控制方面研究发展迅速，国际国内上发表了大量论文和专著。此方法克服传统数值积分方法在线应用计算负担较重的弱点，因其能够定量度量稳定度，适合于灵敏度分析以及对极限参数的快速计算，因此近 10 多年来其方法一直是电力系统研究领域中十分活跃的一个分支。

近年来，随着人工智能方法在电力系统中应用，人工神经元网络也应用于对暂态稳定的研究。唐巍提出了一种利用人工神经元进行电力系统暂态稳定分析的方法，该神经网络取故障后系统暂态量为特征量，采用 BP 算法进行训练，将样本空间进行模式分类，并对不同类样本作不同处理，最后以实际系统为例，将选用暂态特征与选稳定特征进行比较，验证了选用暂态特征的准确性和有效性。电力系统暂态稳定分析要求针对当前运行工况及时准确地作出判断，人工神经元网络理论的应用为这一问题的解决引入了一个全新的思维模式，不需求解非线性方程，只需建立所研究问题与人工神经元网络输入与输出的影射关系，离线训练网络，在线并行计算，以满足电力系统暂态稳定分析的要求。目前将 ANN 应用于电力系统暂态稳定分析的实例越来越多。

近年来，在国外的一些电力系统中出现过因电压或频率不稳定或者电压或频率崩溃而导致大面积停电，特别是电压问题在世界范围内引起广泛重视和关注，许多专家和学者投入电压稳定性研究中，使这项研究到目前为止取得了一系列成果，这些分析方法可以大致归纳为下面几个方面：

（1）应用潮流方程的可行解域研究电压稳定，加拿大 McGill 大学的 Galiana 等从分析电力系统静态数学模型的解析性质入手研究潮流问题的可靠解域及其性质，得出了具有理论价值的结论。通过研究潮流问题的可行解域，可确定给定注入矢量（包括潮流方程的 PQ 节点的有功无功注入，PV 节点的有功注入的电压幅值）对应的潮流计算不收敛的原因，可以计算出静态电压稳定裕度和临界电压。

（2）应用潮流方程多值解的性质研究电压稳定性，由于潮流方程的非线性，在给定的节点注入量下，其解不唯一，存在多值性。Y. Tamura 提出在潮流多值解中，低幅值电压解是不稳定运行解的思想，如果某种干扰使系统运行由高电压解转移到低电压解，即所谓的模式转移，那么系统中的无功/电压控制作用失效，加剧电压下降过程，表现为对系统电压失去控制，导致电压崩溃。因此，低幅值电压解对电压不稳定负有直接的责任，通过研究潮流方程的多值解来分析系统电压稳定性。

（3）采用人工神经网络研究电压稳定性，虽然潮流的可行解域和多个值解法从理论上可以研究系统的工作点的稳定裕度，但计算复杂，实际应用困难。针对这些问题，熊曼丽采用人工神经元网络来研究电压稳定问题，为系统的优化调整提供帮助，并且方便地与潮流程序相结合，计算量大为减少。目前在中国开展对电力系统电压稳定性的研究不仅具有较高的理论价值，而且是当前以及今后电力生产发展的迫切需要，因此迫切需要研究出新的分析方法和应用软件来解决这一实际问题。

（二）电力系统安全分析研究

电力系统安全分析包括静态安全分析和动态安全分析，它们是电力系统调度运行工作的一个主要内容。安全分析是指在当时的运行情况下，系统有对应的潮流分布，当系统出现故障后，进入稳定后或暂态过程中，对电力系统进行计算分析，分析系统是否运行在安全约束条件以内，有多大安全储备能力，并在实时潮流基础上进行预想事故评定。电力系统调控中心进行在线安全分析的目的是对电力系统在当前运行情况下的安全状况作出评价，从而预先采取合理的控制措施。当处于安全状态的电力系统受到某种扰动，可能进入警告状态，通过静态安全控制（即预防性控制），如调整发电机电压或出力、投入电容器等，使系统转为安全状态；电力系统在紧急状态下为了维持稳定运行和持续供电，必须采取紧急控制，通过动态安全控制，系统可以恢复到安全状态，也可能进入恢复状态；通过恢复控制，使系统进入安全状态。这些安全控制是维持一个电力系统安全、经济运行的保证手段，一般由电力系统调度中心的能量管理系统（EMS）实施，如静态安全分析、动态安全分析。电力系统的静态与动态安全分析包括三个子问题：预想事故选择、预想事故评估、安全性指标计算。

近 10 年来，电力系统安全分析研究取得如下几方面成果：

（1）在静态安全分析研究中，过去很长时间广泛采用的是逐点分析法，它需要对偶然事故表中所有运行条件逐一解潮流方程，取得潮流的再分布状况，对所求各母线电压和各支路的功率进行越限检查，并检查是否满足安全性，因此计算量大。对此，各国进行大量研究，在程序技巧上提出稀疏矩阵的压缩存储和节点编号优化等方法，在求解潮流的算法上相续提出直流潮流法、牛顿-拉夫逊法、PQ 分解法和快速解耦法等。近年来一种新的静态安全分析法——安全域分析法引起了人们的重视。静态安全域思想是由 E. Hnyilicza 等在 1975 年首次提出的，它的优点是减少了大量潮流计算。F. F. Wu 等进一步发展了这一理论，用解析方法提出安全域的子域，用以近似表示安全域法求出趋于最大的直观安全域。针对上述静态安全域研究均没有考虑 $N-1$ 安全性约束，状态的静态有功和无功安全域模型，为了获取较大的直观安全域，对 N 安全域以基本运行点作为初始点进行扩展，

采用对偶单纯形法的增广解法求最安全点，并采用压缩约束的措施，提高了计算速度。从完整的在线安全分析来看，应对扰动发生后，电力系统的静态行为和动态行为两个方面进行，但是过去侧重于静态安全分析，认为动态安全分析的计算量大，算法太复杂。随着这几年许多国家相继发生了电力系统电压崩溃事故，同时在许多国家里大容量电厂、超高压远距离输电线路的不断建成并投入运行，形成了多区域多层次的联合电力系统，因此世界各国对电力系统的动态安全分析研究十分重视，提出了一些新的理论分析方法。

(2) 人工智能方法在电力系统安全分析中的应用研究已成为这一研究领域的一个活跃分支。人工智能是指用机器来模拟人类的只能行为，包括机器感知（如模式识别、人工神经元网络等）、机器思维（如问题求解、机器学习等）和机器行为（如专家系统等）。人工智能是当前发展迅速、应用最广泛的学科，其中专家系统（Expert System）和人工神经元网络（ANN）是人工智能的两个很活跃的分支。电力系统安全分析的各个方面几乎都已经引入了专家系统的思想，并且已有了实际运行的安全分析专家系统。

建造专家系统最困难的是知识获取，解决知识获取问题的有效方法是实现知识自学习。目前认为用神经网络实现是一种有前途的方法。ANN 的一个主要特征是能够学习，可以从输入样本中，通过自适应学习产生所期望的知识规划，ANN 是并行、分布、联想式的网络系统，很适合解决复杂的模式识别。由于人工神经网络的 BP 模型可以模拟任意复杂的非线形关系，能很好地解决分类器问题，并通过自学习功能实现。因此，使用 ANN 进行静态和动态安全分析受到各国的极大重视，已有一批成果在有关文献中报到。

四、本节小结

在 20 世纪 60 年代后，国内外电力系统曾发生过多次严重的大面积和长时间停电事故，这致使电力系统安全稳定问题受到极大重视，并为此进行了大量的理论科学研究和工程实践，但到目前还有不少问题尚未很好解决，如超高压远距离输电与互联电网的安全稳定分析方法与控制策略问题；大容量机组投入电力系统运行，如何解决好系统与大机组的安全协调问题；如何最优解决有功调度中系统安全问题与经济问题的协调问题等。

另外，近年来实时相角测量技术的发展已为现代电力系统安全稳定分析开辟了一个新的领域，为超高压大电网的安全运行监控提供了新的手段。

第五节　电力系统在线安全稳定性综合辅助决策

一、概述

当检测到电网中出现不安全现象或者预想事故下存在安全稳定问题时，需要调度员采取措施来实施紧急控制或预防控制，但仅凭经验或者离线预案，调度运行人员不仅无法确认措施执行后系统的安全稳定状态，而且可能由于运行方式多变导致控制策略的失配。因此，调度运行辅助决策是智能电网调度控制系统的重要组成部分，通过为调度运行人员提供与运行方式相适应的决策支持，提升快速、正确处理复杂故障场景的能力，实现安全性和经济性的协调。

调度运行辅助决策通过多种类型的控制手段，将系统的状态点移向参数空间中的安全稳定域。除了描述需要满足运行约束的运行可行域，安全稳定域还包括描述预想事故下系统安全稳定性的可行域，包括静态安全域、暂态稳定域、小扰动稳定域和电压稳定域等。根据控制时机不同，调度运行辅助决策可以分为紧急状态时的校正控制辅助决策和预防控制辅助决策。

紧急状态辅助决策基于对电网实时状态的分析，主要解决设备过负荷、系统持续振荡、事故后电压严重跌落等问题。预防控制辅助决策针对的是电网预想故障后潜在的安全稳定问题。

调度运行辅助决策的计算是一个优化问题，优化算法主要可以分为数学规划类方法和基于控制性能指标的启发式方法。对于实际大电网而言，大多数安全稳定问题具有高维、强时变、强非线性的本质，因此，满足安全稳定要求的辅助决策计算是一个复杂的高维非线性规划问题，相对于采用数学规划的求解方法，基于控制性能指标的启发式方法易于满足实际应用中对于计算方法适应性和计算速度的需求，因而得到更广泛的应用。

目前互联大电网的动态行为和失稳模式特性日益复杂，各类安全稳定问题相互交织，多种安全稳定隐患可能同时出现，而解决不同安全稳定问题的各类辅助决策功能可能给出相互矛盾的措施，需要在辅助决策计算中考虑多种全稳定问题之间的协调优化。GAND、THOMAS R. J. 等提出了综合动态安全和静态电压稳定的协调预防控制方法，采用综合安全约束的最优潮流模型来描述协调预防控制问题，基于控制灵敏度将综合安全约束解耦转化为一个线性优化模型，并采用连续线性规划方法来求解，但该方法在实际应用中还存在诸多困难。除此以外，该方面研究成果相对较少。

调度运行辅助决策的控制手段包括调整开机方式、有功与无功出力、网络拓扑、进相运行、直流功率、无功补偿和限制负荷等。不同类型的控制措施在执行时的优先级不同。因此，调度运行辅助决策的求解方法应支持按照不同类型控制措施的优先级顺序逐级进行决策优化。在目前的辅助决策算法中，控制目标通常为代价最小，通过在目标函数中对不同的控制类型设置对应的权因子，实现对控制措施优先级的要求。但在实际应用中面临权因子的取值问题，并不能完全满足需求。基于多算法封装流程自定义组态技术开发的调度运行辅助决策系统可集成到智能电网调度控制系统中，目前已在多个网省公司的调度控制中心得到应用，实际案例证明了该系统的有效性。

二、辅助决策优化问题

（一）数学模型

安全稳定域中系统的状态变量 y_c 是控制变量 u 和潮流量 x 的函数，可以表达为 $k(u, x, y_c)=0$。给定一个可行的控制变量 u，系统的状态变量 y_c 应包含于相应的稳定域中，可以表达为 $y_c \in A_{csr}$，其中 A_{csr} 为系统的安全域，各类安全稳定问题对应的多种安全域都是系统统一的安全域在各个侧面的投影。辅助决策优化问题可以用式（4－1）～式（4－4）表达为

$$\mathrm{Min}C(u, x) \tag{4-1}$$

$$\text{s.t.} \quad g(u, x)=0 \tag{4-2}$$

$$k(u, x, y_c)=0 \tag{4-3}$$

$$y_c \in A_{csr} \tag{4-4}$$

其中，式（4-1）代表目标函数，求解辅助决策优化问题时一般为控制成本最小，式（4-2）代表潮流方程。

（二）求解方法

求解上述优化问题的关键是式（4-4）。以暂态功角稳定预防控制为例，其安全域的约束难以解析表达。虽然扩展等面积准则（EEAC）将多维轨迹的动态特征通过互补群惯量中心相对运动变换，保留到主导映象上的时变单机系统的轨迹中，识别受扰轨迹的主导模式，可以给出复杂多机系统受扰轨迹的稳定裕度，但仍无法得到各个控制变量对稳定裕度的解析灵敏度，灵敏度的计算需要依靠摄动的方法获得，难以满足在线计算对计算速度的要求。

故可以采用以下几类算法：

（1）将微分方程转化为差分方程，暂态稳定域约束用转子角差或转子角与惯量中心之差不大于某个临界角度来表示。这类方法对于每一个时步都会形成一组差分方程，约束规模庞大，给优化问题的求解带来了困难。

（2）先定义某种控制指标，如转子角差、运动轨迹与稳定平衡点的偏离程度等，然后基于变参数追踪技术的灵敏度计算，或者轨迹灵敏度分析，将式（4-5）转化成如下形式：

$$\sum_{j=1}^{n_{\mathrm{ctrl}}} S_{ij}\,\Delta u_j \geqslant \Delta E_i \quad i = 1,2,\cdots,n_c \tag{4-5}$$

式中：n_c为参与预防控制的故障数目；S_{ij}为故障i时控制变量j对于控制指标的灵敏度；n_{ctrl}为参与控制的控制变量数目；Δu_j为控制变量j的调节量；ΔE_i为满足稳定约束要求的控制指标变化量。得到式（4-5）后即可采用数学规划的方法求解数学模型。

由于复杂大电网高维、强时变、强非线性的特性，上述方法在实际应用中至少面临以下问题：难以找到满足要求的控制指标，基于邻域的线性化方法得到的控制灵敏度不准确。

目前获得应用的程序采用EEAC计算机组参与因子（参与因子体现了元件对安全稳定性的贡献程度），按多故障裕度加权并计及控制代价得到控制性能指标，排序后首尾配对依次参与控制，逐步调整直至找到最终方案。上述方法属于启发式算法，虽然从理论上无法保证获得全局最优解，但绝大多数情况下可以得到可行和优化的调整方案。

对于相对简单和线性化程度较好的支路过载辅助决策，主要有优化规划法和灵敏度方法。优化规划法通过求解数学模型（包括优化目标和各种安全约束条件）得到控制方案，除存在计算收敛性的问题外，在实际工程中还需要考虑以下问题：①兼顾调整量最小和调整元件最少，调整元件尽量少是为了方便调度人员操作；②从调度公平的角度出发，性能相近的元件具有相同的调整量；③在不能完全解决过载问题时需要给出一个次优解；④需要考虑投入线路（负荷转供）等离散控制变量。基于灵敏度的启发式算法没有收敛性问题，便于考虑多种实际工程问题和编程实现，在目前的实际工程中获得了更广泛的应用，但给出的控制方案不能保证数学意义上的最优。

其他安全稳定问题包括静态电压稳定、小扰动稳定等的辅助决策与暂态功角和支路过载情况相似，实际工程中大多采用基于灵敏度（参与因子）的启发式算法，而不再直接采用数学方法求解优化模型。

在当前的在线动态安全分析与控制中，通常采用同构的计算节点组成计算集群，利用分布式并行计算技术以满足对计算速度的要求，因此，要求辅助决策计算方法能充分利用计算资源。目前的方法是基于枚举并行的方式，将可能的调整方案下发至计算节点并行计算，最终在计算结果中选择满足要求的方案作为辅助决策措施。这也是实际工程中大多采用基于灵敏度（参与因子）的启发式算法的另一个原因。

三、考虑多种安全稳定约束的综合辅助决策方法

（一）问题描述

如果采用数学规划的方法，将所有的安全稳定问题在统一的计算框架下进行求解，除了计算量大的问题外，更为重要的是对于单独的暂态稳定问题，如上文所述，目前尚难以找到满足实际电网需求的规划类算法，对于其他安全稳定问题，依然存在类似的问题。因此，本研究采用实用化的启发式方法以满足实际工程的要求。

（二）多种安全稳定问题的综合辅助决策

将紧急状态和预想故障后可能存在的多种安全稳定问题按重要和复杂程度进行排序，由此获得各问题的计算队列，按计算队列的先后顺序分别进行串行计算。

前一辅助决策计算完成后，根据计算结果调整电网运行方式，后续计算在之前的计算基础上进行。为避免后续计算影响已计算的结果，每一辅助决策计算完成后，均须输出安全稳定裕度指标对候选控制措施的灵敏度，若无法得到相关的灵敏度，则输出候选控制措施的参与因子，后续计算将其作为对控制方向的约束加以考虑，对灵敏度或参与因子大于门槛值的候选控制措施，控制方向不能与之前辅助决策计算的方向相反。

上述算法通过将各类安全稳定问题的辅助决策计算串行，后续计算计及之前辅助决策计算的安全稳定约束，保证后续计算不与之前计算结果冲突，从而实现多种安全稳定问题的综合辅助决策。算法的关键是安全稳定量化分析方法基础上的控制措施参与因子计算和灵敏度信息。如对过载辅助决策而言，有功调整控制节点的综合加权灵敏度如式（4－6）：

$$S_k = \sum_{i=1}^{N_c} \sum_{j=1}^{L_i} \frac{S_{k,i,j} W_{i,j}}{N_c L_i} \tag{4-6}$$

式中：S_k为第k个有功调整措施的综合加权灵敏度；N_c为过载安全考核故障的总数；L_i为过载元件总数；$S_{k,i,j}$为第k个有功调整措施对第i个故障下第j个设备的有功灵敏度；$W_{i,j}=1-\eta_{i,j}$，$\eta_{i,j}$为第i个故障下第j个设备的过载安全裕度。

按照综合加权灵敏度大于门槛值筛选有效控制节点并决定节点的控制方向。如果综合加权灵敏度为正，则节点减出力；如果为负，则增出力；如果接近0或者存在控制方向冲突的情况，则不再调整该节点。之后的辅助决策计算控制方向不能与此相反。

在暂态功角稳定辅助决策中，每一候选控制措施k的控制性能指标计算公式如（4－7）：

$$I_k = \sum_{i=1}^{N_m} \frac{S_{k,i} M_i}{N_c} \tag{4-7}$$

式中：$S_{k,i}$为模式i下候选控制措施k的参与因子；$M_i=1-\eta_i$为$S_{k,i}$的权重，其中η_i为模式i的最小裕度；N_m为模式总数。同样，由控制性能指标可以决定机组的控制方向，而暂

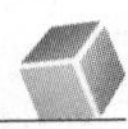

态功角稳定辅助决策之后的辅助决策计算控制方向不能与此相反。

然而，上述算法并不是数学意义上的规划算法，而是启发式算法，存在以下主要问题：

（1）算法要求控制措施的控制方向不能与之前辅助决策计算的方向相反。实际上对于灵敏度或参与因子大小不同的控制措施，即使控制方向均要求减少，也完全可以通过减少控制效果大的措施控制量，同时增加控制效果较小的措施控制量而达到控制要求。因此，算法的要求实际上减少了候选控制措施的调整范围，可能导致原本可以获得解的问题无法得到满足要求的解。为了尽量减少上述问题的影响，除了按照控制性能指标门槛值筛选有效控制措施外，还将辅助决策的多种安全稳定问题按重要和复杂程度进行排序，优先解决相对重要和急迫的问题并输出控制措施。在实际的工程应用中，对于预防控制辅助决策，暂态功角稳定问题因其快速失稳和后果相对严重可以优先考虑解决；过载和电压越限等静态安全问题允许有一定的调度处理时间而其次解决；静态电压稳定问题因要求保留必需的稳定裕度可以再顺次解决；而对于小干扰稳定辅助决策，因为计算模型和参数准确性的问题，仿真计算的阻尼比距离实际情况差距较大，可以最后解决。

（2）算法将各种安全稳定问题的辅助决策计算串行进行，因此计算速度相对较慢。

（3）算法不能完全保证最终得到的辅助决策措施满足所有安全稳定要求，原因如下：①为了避免后续辅助决策控制措施恶化系统的安全稳定性，需要同时输出不安全以及接近不安全的元件或者故障模式关联有效控制措施的灵敏度，并在后续的辅助决策计算中加以考虑，即使如此，依然可能存在潜在的不安全或失稳模式，在后续的辅助决策措施调整后而失去安全稳定；②为了满足控制目标函数的要求，各辅助决策功能均要求控制到临界安全，后续辅助决策措施造成的微小参数变化可能会导致不安全。

（三）预防控制和紧急状态辅助决策的协调

紧急状态辅助决策在电网出现设备过载、断面越限、电压越限、频率越限和低频振荡等紧急状态时，提供紧急状态下的调整措施，以抑制或消除相关紧急状态，在控制时间紧迫性上远超预防控制。因此，若电网处于紧急状态，则首先进行紧急状态辅助决策计算并输出计算结果，之后根据计算结果调整电网运行方式，重新进行预想故障下的安全稳定评估，对于电网仍然存在的安全稳定问题，进行预防控制辅助决策计算。

（1）分解协调。针对计算速度相对较慢的问题，对于耦合关系不强的多种安全稳定问题，可以进一步考虑采用分解协调的方法提高计算速度。将考虑的多种安全稳定问题进行分类，关系密切、耦合程度较强的问题分为同一类别，而不同类别的安全稳定问题可以考虑并行计算以提高计算速度。考虑到电力系统的特点，实际工程中通常可将与有功功率/相角相关的设备过载、暂态功角稳定、动态稳定等问题归为另一类，与无功功率/电压密切相关的电压越限、静态电压稳定等问题归为另一类。对于按并行流程计算的各类安全稳定问题的计算结果，需要根据灵敏度信息进行合并得到综合控制措施，合并原则如下：①若控制措施控制量方向相同，则取各措施中的最大值；②可能存在控制措施控制量方向相反的情况，则根据安全稳定问题的相对急迫性和重要性确定控制措施的调整方向和调整量，优先选取更为重要和急迫的安全稳定问题控制措施调整方向和调整量。

（2）递归迭代。算法不能完全保证最终得到的辅助决策措施满足所有安全稳定要求，分解协调并行计算也可能会引起控制措施冲突的问题，因此采用递归迭代的方法加以解决。根据最终得到的控制措施调整电网运行方式，重新进行安全稳定评估，若仍然存在安全稳定问题，则接受已计算出的控制措施，同时输出本轮计算候选控制措施的参与因子和灵敏度信息作为后续计算的稳定约束，重新开始计算；否则，终止计算过程。考虑多种安全稳定约束的综合辅助决策计算流程如图 4.5 所示。

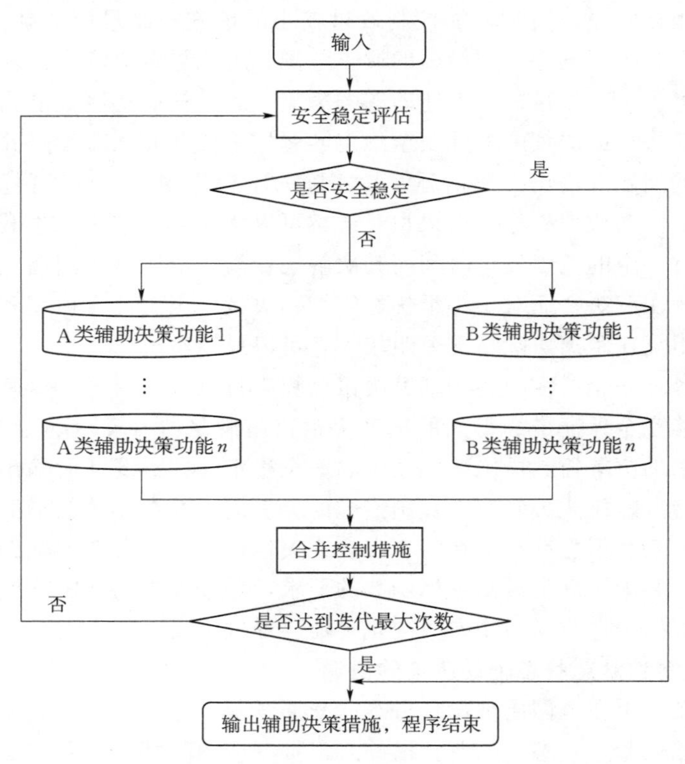

图 4.5　考虑多种安全稳定约束的综合辅助决策计算流程图

上述方法属于启发式算法，虽然从理论上无法保证获得全局最优解，但在绝大多数情况下可以得到可行和优化的调整方案；上述方法的另一个特点就是无需修改目前成熟的数值仿真和辅助决策计算程序，仅仅需要对计算结果进行数据挖掘，软件结构简单，鲁棒性好。

（四）考虑多种措施类型优先级的策略寻优

辅助决策措施包含多种类型，对于各类发电机有功出力调节，水电机组因其成本较低和调节速度快而优先调节，抽水蓄能尽量少发和少抽，一般情况下考虑新能源消纳要求不调节其有功功率，在要求的时间范围内由发电机调节速度（爬坡率）得到其可调节容量。负荷控制采用拉电序位表，优先采用转供措施，其次按序位表顺序将调整量下发给地调。一般情况下，电压越限首先调整容抗器投切，过电压严重时考虑调整机组无功功率。发电机投停和变压器分接头调整等措施一般情况下较少采用。

辅助决策程序按设置的优先级顺序调整，不同类型控制措施，计算各控制措施的综合性能指标，根据设置的门槛值筛选有效控制措施，当同一类型有效控制措施均调整完成

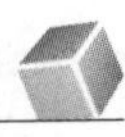

时，转入调整下一优先级的控制措施。相同优先级的措施按控制性能代价比、指标大小顺序调整，但从调度公平的角度出发，性能代价相近的措施应同时调整，如一个厂站内性能代价相近的机组应按照相同比例同时调整，避免单独调整某一台或几台机组。

四、系统设计

调度运行辅助决策系统包括数据获取、参数设置、各类决策优化、安全稳定评估和结果展示等模块。决策优化模块包括紧急状态辅助决策和预防控制辅助决策。

紧急状态辅助决策包括设备过载辅助决策、断面越限辅助决策、电压越限辅助决策、静态功角稳定辅助决策和低频振荡辅助决策等。预防控制辅助决策包括静态安全辅助决策、短路电流辅助决策、暂态稳定辅助决策、小扰动稳定辅助决策和静态电压稳定辅助决策等。

从各个电网的实际需求出发，调度运行辅助决策的各算法之间不是单一固定的串行流程，算法之间既存在串行关系，又存在并行的可能；综合辅助决策需要多算法的交互迭代，某些算法的结果可能作为其他算法启动的触发条件，下一步采用何种算法，需要根据上一步的分析结果决定，且计算环境参数动态变化。调度运行辅助决策需要各种分析计算软件通过有序的组织来实现，但目前多算法封装尚缺乏有效的方法，算法的组织和配置需要预先定制，扩展性差，从而导致稳定分析计算维护工作量大，开发周期长。

采用多算法封装流程自定义组态方法，将算法组织形式从预先定制提升为灵活组态，提高了计算的可扩展性，可以满足各个电网安全稳定特性和需求的差异化。多算法封装流程自定义组态方法包括以下步骤。

步骤1：将计算功能划分为若干计算任务，按照统一的接口封装算法程序，每个计算任务对应一个算法程序，完成独立的计算功能，且可以设置计算条件。将各算法程序按照统一的接口封装，主要涉及数据接口、标志交互接口和异常处理接口。数据交互接口是指算法程序与计算流程组织模块之间的数据交互机制；标志交互接口是指算法程序与计算流程组织模块之间的信号交互机制；异常处理接口是指算法程序计算异常时的处理机制。接口封装提供了统一的调用方式，定义了交互的标志文件，屏蔽接口差异，有利于系统的集成与扩展。

步骤2：采用面向任务的组态语言，将计算任务和计算条件组织成计算流程组态定义文件。面向任务的组态语言由计算任务、计算条件等关键字，以及各种操作数、操作符构成。

步骤3：计算流程组织程序按照计算流程组态定义文件，以检测当前计算任务的计算条件是否满足。若条件满足就启动该任务的计算；否则该计算任务一直等待，直到计算条件满足。

步骤4：通过对计算任务、算法程序进程赋予唯一的识别码进行计算任务与进程的匹配，通过计算条件的逻辑运算进行流程控制。其步骤如下：①每个计算任务对应一个算法程序，包括该算法程序对应的启动参数、配置文件、运行环境等；②对各计算任务赋予识别码ID（计算任务的唯一标志），对各算法程序赋予进程识别码ID（算法程序的唯一标志），对算法程序定义相关的计算属性，如启动参数、运行环境等；③将计算任务ID与计算进程 ID 建立映射关系，实现计算任务与算法程序的绑定；④计算任务通过关键字进行标识，计算条件通过关键字、操作数和操作符进行标识；⑤计算组织流程程序解析计算条件，将计算条件转换成逻辑表达式，进行逻辑运算，根据逻辑运算结果，确定计算任务的计算条件是否成立，如条件满足，则启动计算任务。

步骤 5：若其他计算任务都已完成，但处于等待状态的计算任务的计算条件还不满足，则该等待计算任务自动退出，并通知计算组织流程程序，退出整个计算过程。

多算法封装流程自定义组态各模块关系如图 4.6 所示。

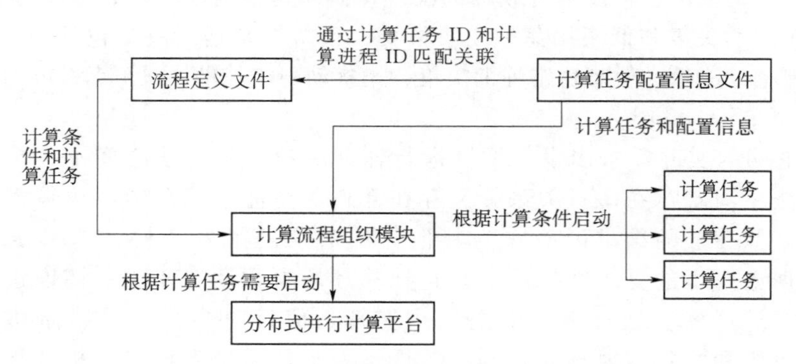

图 4.6　多算法封装流程自定义组态各模块关系

五、算例分析

按照上述设计算法开发的在线调度运行辅助决策系统已在多个省级以上电网的调度控制中心得到应用，应用实例验证该算法的正确性和有效性。

以特高压长南线检修华北电网独立运行方式下在线某一断面时刻数据进行算例分析，该电网共有 5579 个计算节点，421 台发电机，2853 条输电线路。将部分故障的切除时间延长为 0.20s，并停运部分机组的电力系统稳定器（PSS）后，“汶泰一回三永跳双回”故障暂态功角失稳；“大房一线大同侧三永”故障开断大房一线后，系统动态阻尼不足；山东静态电压稳定关键断面为东送断面，PV 曲线计算得到的裕度为 16.633%，将静态电压稳定裕度门槛值提高到 18%。采用分类并行计算模式，将暂态功角稳定和动态稳定问题归为一类，静态电压稳定问题归为另一类，可得到预防控制辅助决策计算结果。

（一）功角稳定和动态稳定辅助决策

辅助决策计算顺序为先进行暂态稳定，再进行动态稳定。经分析，“汶泰一回三永跳双回”失稳故障下山东运河、里彦和济宁电厂机组为领前群机组，通过减少以上机组出力可以解决暂态失稳问题。经计算，控前和控后的功角裕度分别为－31.5%和 23.9%，控后电压裕度和频率裕度分别为 40.6%和 42.2%（因控前故障暂态功角失稳，故不再计算暂态电压和频率裕度）。“大房一线大同侧三永”故障后，系统阻尼不足，振荡频率为 0.68Hz，阻尼比为 0.405。根据振荡波形进行模式分析并估算机组参与因子，参与因子较大的为山西神二、河北沧东和山东潍坊、邹县、运河电厂机组。由于山东受入功率，若降低山西、河北机组出力，增加山东机组出力，减少联络线传输功率，可以增加故障后系统的动态阻尼，机组调整后阻尼比提高为 4.4。调整中由于运河电厂机组为暂态稳定临界群机组，不能增加出力。控制措施见表 4.2。

表 4.2　控制措施

控制措施	控制机组	控前有功功率/MW	控后有功功率/MW
暂态稳定控制	济宁厂 GB	83.30	68.00
	运河厂 GC	118.50	73.00
	运河厂 GB	118.90	73.00
	运河厂 GD	112.00	102.04
	运河厂 GE	117.40	106.06
	里彦厂 GD	145.00	73.00
	邹县厂 GA	928.30	1000.00
	邹县厂 GF	871.70	1000.00
动态控制	潍坊厂 DC	53.26	252.10
	神二厂 GB	245.30	235.20
	神二厂 GA	361.00	235.20
	沧东厂 GB	387.30	367.10
	沧东厂 GC	485.20	442.40

（二）静态电压稳定辅助决策

山东东送断面功率增长方式为西部机组增加出力、东部地区增加负荷。在临界点附近进行电压稳定模态分析，电压薄弱区域为恒顺和永和地区，东海、龙口和烟台机组的参与因子较大。通过在恒顺 220kV 变电站 35kV 侧投入 4 组 $20M_{var}$ 电容器，电压稳定裕度由 16.63%升高至 18.12%，满足裕度门槛值的要求，无功功率也由 $0M_{var}$ 上升至 $80.8M_{var}$。将最终无功控制方案施加在基态文件上，重新进行基态评估，未出现节点电压越限情况。

（三）措施合并和安全稳定校核

由于没有控制冲突的问题，将暂态、动态稳定和静态电压稳定辅助决策的控制措施简单合并即可。采用最终得到的控制措施调整电网运行方式，重新进行安全稳定评估，均无其他安全稳定问题。

六、本节小结

本节介绍了电力系统在线安全稳定综合辅助决策的计算方法。鉴于实际大电网高维、强时变、强非线性的本质，以及在线计算对算法鲁棒性和计算速度的要求，不宜以能否获得全局最优解作为考核计算方法有效性的准则。在线安全稳定综合辅助决策的计算方法，采用分解协调和递归迭代的方法解决复杂的高维非线性规划问题，虽然不能严格满足最优控制的要求，但对于实际工程应用不失为一种可行和有效的计算方案。

第六节　国家电网公司安全与信息测评技术

一、信息安全测评体系框架

自 20 世纪 80—90 年代起，各发达国家开始高度关注信息化产品中的信息安全问题，普遍开展了国家层面的信息安全测评认证体系建设，同时设立了国家级的信息安全测评认证管理与执行机构。如美国国家标准技术局和国家安全局共同组建了“国家信息保证联盟”，建成了以9家授权测试实验室为主的测试、评估、认证的完善体系；英国贸易和工业部和政府通信总部共同建立了IT安全测评认证体系；法国建立的国家认证机构为信息系统安全服务中心（SCSSI）。

我国也在1998年经国家质量技术监督局授权，成立了“中国国家信息安全测评认证中心”（现更名为中国信息安全测评中心），代表国家实施信息安全测评认证工作。

国家电网公司信息安全测评体系的设计借鉴了国家级安全测评体系的运行模式，同时考虑到电力企业的管理运行模式和特殊的保护对象，体系主要内容是建立统一的信息安全测评监管机构和测评执行机构，制定统一的信息安全测评标准和制度，形成完整、严谨的信息安全测评理论方法，执行信息安全测评活动。

基于全生命周期的国家电网公司信息安全测评体系设计框架，主要包括下列三个维度：

（1）按信息工程全生命周期明确各阶段的测评内容，从设计、研发、测评和验收阶段明确各项测评内容。

（2）按技术层面，描述测评体系涉及的标准/政策/法规、方法/规范、工具、环境。

（3）按管理层面，描述测评体系涉及的管理、人员和过程的控制。

二、信息安全测评体系设计内容

（一）生命周期明确各阶段的测评内容设计

信息安全分布于整个信息系统和产品生命周期的各个阶段，生命周期阶段性测评就是针对产品生命周期的各个阶段开展有针对性的测试与评估，试图发现并削弱可能存在的安全隐患。

1. 设计阶段

设计阶段引入测评能够帮助组织机构严格把控产品的技术方向，减少后期测试的成本和人员投入。该阶段的测评主要关注信息安全产品的设计开发是否考虑了技术之外的必要的安全因素，如组织机构是否划分合理，对开发过程中的风险控制是否充分，管理措施是否完善等，对这些内容的综合评估并确保满足必需的安全要求是产品开发的必要条件。同时，进行安全架构评估，主要考察产品的以下几部分内容：①产品设计是否充分考虑了产品在预期使用的环境中可能面临的风险；②是否充分遵循了组织机构的特殊规定；③是否对产品的预期使用进行了足够的假设；④是否将风险、假设和规定对应到具体的安全目的，并通过安全功能要求和保障措施加以实现；⑤产品的架构是否清晰。

2. 研发阶段

研发阶段是产品实现的主要阶段，该阶段主要关注产品的实现，因此必须执行严格的测试确保产品的安全设计与实现。研发阶段测评主要包括单元测试、集成测试、代码缺陷测试、代码同源测试、安全开发。其中，安全开发是开发阶段必要的辅助性测评，任何组织想要开发出安全产品，除了必需的技术手段以外，安全的开发环境是必不可少的，否则设计再完善的产品也可能因为管理或其他人为因素产生安全隐患，安全开发环境对保护组织自身的安全利益也至关重要。安全开发测评主要针对开发环境的安全措施进行综合性的评估判断，包括配置管理、人员和物理环境的安全、程序交付的安全、产品生产的流程和控制、产品支持文档测评等。

3. 测试阶段

测试阶段的测评工作主要针对成品系统/产品进行，该阶段的测评以黑盒形式开展，从用户的使用角度对产品进行测评。测试阶段测评主要包括两方面内容：安全性验证测试，根据安全标准或产品设计中确定的安全要求，使用人工及工具辅助的方法，确保产品具备必需的安全功能；渗透测试，主要使用业内通用或专用的攻击测试方法，对系统/产品进行渗透测试，试图发现其可能存在的安全隐患及设计中存在的致命缺陷，通过模拟各种黑客的攻击行为，发现系统/产品可能存在的各类安全问题。

4. 上线阶段

上线阶段主要指产品正式投入使用后的测试工作，此时产品与具体的应用环境相结合，具备了前几个阶段所没有的特性，如典型的配置、相互关联的运行支撑环境等，为了确保其正常工作，需有针对性地进行测评。上线阶段测评工作包括以下内容：通过人工检查的方式，核对上线后的系统/产品运行环境（包括网络、操作系统、数据库、应用服务器）及应用软件自身的配置是否符合安全基线要求；采用专业的漏洞扫描工具，对产品/系统安全机制实现和安全配置方面存在的问题进行探测，以发现产品/系统存在的安全隐患；从系统的角度基于信息系统安全风险管理的理论体系，对上线后的系统/产品及其运行环境进行资产识别和赋值、脆弱性识别和赋值、威胁识别和赋值，根据资产、威胁、脆弱性之间的关联关系判断安全事件发生的可能性（安全风险），计算发生安全事件后可能造成的损失（风险值），并针对风险等级提出相应的风险控制措施；依据国家和行业的信息系统等级保护标准，通过访谈、人工检查、测试等方式，验证系统/产品的运行环境（包括物理环境、网络环境、主机环境、应用环境）、系统自身安全配置以及系统运行管理环境（包括管理机构、管理制度等）是否符合对应等级的安全保护要求；在上线阶段的监理测评，严格地说应当属于传统的监理工作的一部分，其对象主要针对系统/产品而言。具体内容包括系统/产品的安装、部署、调试是否符合用户的要求，对系统/产品的相关服务水平做出整体的判断。

（二）测评体系技术层面设计

测评技术层面从上至下主要包括标准/政策/法规、方法和规范、测评工具和测评环境四部分。

（1）标准/政策/法规是从事测评工作的根本依据，从事任何测评活动首先要确认所从事的工作是否有据可依，这些依据可能涉及测评内容、测评要求、测评流程等。其中，标准可以是国家标准、行业标准，如 GB/T 18336、GB/T 20274、GB/T 22239、GB/T 20281、GB/T 20275，以及《国家电网公司应用软件通用安全要求》等，甚至是国外同领域内的标准都可作为测评可参考的直接依据。政策一般指企业层面对建设或产品相关的管理或技术规定。法规一般指国家层面对测评活动涉及的相关领域内的强制性要求等。这三方面构成了测评活动的基础。

（2）方法和规范是从事测评活动的直接依据，由于标准/政策/法规相对抽象，或者由于某些原因并不完全适用于特定的测评活动，因此，需要结合测评活动或组织的具体要求制定详细的、能够指导测评人员从事测评工作的具体要求，该文档应该包括测评的组织、目的、步骤、结果预期等内容，必要时应该包含对下层工作的指导，如需要使用什么特定的工具或需要哪些环境支撑等。典型的属于此层面的文档，如测评计划/方案、测评作业指导书、测评用例等。

(3) 测评工具是测评工作的基本支撑，使用测评工具能有效提高测试的规范性、全面性及精确性，能大大提升测试的工作效率。测评工具具有专业化特点，不同领域的测评工作应使用不同的测评工具，如漏洞扫描工具、性能测试工具、单元测试工具、源代码审计工具、配置管理工具、基线核查工具等。为了产生准确的测评结果，需对测评工具产生的结果进行必要的人工分析与确认，同时，在掌握必要的工具使用方法之外，必须对工具进行周期性维护，确保其有效性和实时性。

(4) 测评环境。测评环境是测评工作得以开展的必要条件，为测评工作提供必要的设备及资源支撑，任何测评工作均需要在特定的环境下开展。测评环境由客户端设备、服务器终端设备、交换路由等网络设备以及各种系统和模拟的应用软件和服务软件组成。需要提到的是，测评环境应尽可能仿真被测系统/产品的实际运行环境，仿真的实验环境能够尽可能多地发现产品在实际运行工作中可能存在的问题。同时，在测评环境中引入测试工作床的概念，将相同的具有类似用途的设备以测试床为逻辑域进行划分，更有效、合理地调配资源，便于统一管理。

(三) 测评体系管理层面设计

借鉴国家信息安全测评认证体系的模式，按照统一监督、分级管理和统一认证/认可、逐级授权的原则，提出国家电网公司的测评体系模式。国家电网公司信息安全管理部门作为测评体系中高层的监督、管理机构，对省级公司的管理机构和测评体系的实施进行统一的监管。省级公司信息安全管理部门作为测评体系中第二层的监督、管理机构，向上直接对国家电网公司信息安全管理部门负责，向下建立和管理省级公司的测评机构。国家电网公司信息安全实验室在获取国家电网公司的授权后，直接对国家电网公司信息安全管理部门负责，向全国网公司范围提供测评认证/认可服务。省级公司的测评机构在获取国家电网公司信息安全实验室的授权后，应直接对省级公司信息安全管理部门负责，向本省级公司范围提供测评认证/认可服务，并接受国家电网公司信息安全实验室的监督。

三、主要的信息安全测评技术方法

(一) 软件测评技术方法

信息安全测评伴随着软件测评技术的不断发展逐渐形成，但至今还未有比较完善的独立的技术体系，可应用于信息安全测评的通用软件测评技术主要包括以下几种。

(1) 测试环境的构造与仿真法。传统测试方法依靠构建实际运行环境进行测试，随着运行环境的复杂化，代价越来越高，因此提出了测试环境仿真技术，由各类测试仪实现。

(2) 有效性测试法。用测试的方法检查信息系统是否完成了所设计的功能，包括通过测试相应的指标量衡量完成的程度与效果。测试方法包括典型的应用实例或输入数据，典型输入数据与边界值的测试用数据为测试序列。

(3) 负荷与性能测试法。通过输入、下载不同带宽、速率的数据或建立不同数量的通信连接，得到被测产品或系统的数据处理能力指标值及他们之间可能的相互影响情况，如得到最大带宽、吞吐量、最大处理速率等。

(4) 故障测试法。通过测试了解信息安全产品或系统出现故障的可能性、故障环境及故障类型，故障测试结果可反映被测对象的运行顽健性，如错误数据输入。

（5）一致性与兼容性测试法。对于信息安全产品、系统或其模块、子系统，检测它们在接口、协议等方面与其他配套产品、系统或模块、子系统的互操作情况，确定它们是否都符合相关的接口、协议设计与规范。

（二）测试手段

鉴于应用系统实现机制上的差异性很大，收集和开发通用的攻击测试工具较难，因而需要对具体应用系统定制手动（脚本工具辅助）攻击测试方式，区分为以下四类：

（1）越权操作类方法，使用非正常逻辑操作的方式，试图执行越权操作。

（2）拒绝服务类方法，通过非正常连接访问、大数据容量读写等方式，试图造成应用系统不能进行正常的业务处理。

（3）缓冲区溢出类方法，通过缓冲区溢出的方式，试图获得应用系统或其后台系统的权限。

（4）会话欺骗类方法，通过假冒、劫持正常用户的会话，试图获得正常用户对应用系统访问权限。

（三）自动化测试工具

借助测试工具实现自动化测试是提高测试效率，减少人为误差的有效方式，安全性测试所使用工具可以按照以下五种类别收集和定制：

（1）网络嗅探类。使用典型的网络嗅探工具可以截取并分析应用系统的传输报文，可验证其使用到的网络协议、认证的交互过程和业务数据的传输保护等。

（2）会话录制类。在 B/S 或 C/S 等模式下，可以使用客户端的会话录制工具录制典型操作的脚本，再回放脚本，测试服务器端对客户端操作的验证机制是否完整。

（3）加密解密类。使用带有标准算法的加密解密工具，验证应用系统中使用的加解密算法与开发商所声明的是否一致。

（4）编码压缩类。使用带标准编码、压缩算法的工具，验证应用系统中使用的编码技术和压缩算法与开发商所声明的是否一致。

（5）攻击测试类。使用可重用的缓冲区溢出、会话劫持等攻击类工具，检验应用系统中用常规手段无法检验的安全项目。

四、测评组织体系

（一）测评人员队伍管理

测评人员队伍是测评工作顺利开展的根本，建立一支具备国家或行业认证机构颁发的注册信息安全人员资格和能胜任信息安全测评工作的队伍至关重要。测评队伍在工作中要定期接受相关专业技能培训和综合素质提升培训，并接受国家或行业测评人员认证机构的考核、评估，确保测评人员能胜任信息安全测评工作。

（二）测评过程管理

测评机构应制定测评作业指南，定义测评工作流程，明确测评各个阶段的主要任务、工作内容、输入、输出、测评双方的工作职责等内容。在实际测评过程中，按测评作业指南对测评工作实施管理，识别各种风险，并对风险进行控制，以保证测评工作有序开展。

五、安全测评效果

中国电力科学研究院信息安全实验室对国家电网公司信息化建设中近 200 个应用系统

进行了安全测评，发现并督促整改的软件安全缺陷达 1000 余个，消除了国家电网公司在运行重要系统时可能遇到的安全问题。其中，通过应用安全测试技术发现的典型高危缺陷包括以下五方面：

（1）安全审计机制缺失。测试发现系统的安全审计机制严重缺失，导致管理员等授权用户无法有效地对系统进行安全管理，一旦发生违规操作或攻击事件将难以发现，也难以追查取证。缺陷产生的原因是系统仅在后台数据库中对部分有限的用户操作进行了记录，但没有提供给授权用户任何独立的审计模块或工具，以便授权用户能够方便地读取审计信息和管理审计策略，导致安全审计机制不可用。缺陷被利用的情况是，攻击者可以在系统中执行非法操作，而不会被审计记录。

（2）SQL 注入漏洞。攻击者可能利用此缺陷任意查询数据库，获取客户机密信息；更可能任意修改数据库信息，达到拒绝服务或其他非法活动的目的。缺陷产生的原因是，系统的服务器端对 SQL 语句中使用的特殊字符“;”“——”和 and、or 等未做过滤。缺陷被利用的情况是，攻击者通过提交的特殊查询条件，使得原单条 SQL 操语句变为多条 SQL 操作，从而非法地执行数据库添加、删除、联合查询等功能，甚至是 drop 数据库表文件。

（3）未授权绕过漏洞。在客户端未登录的情况下，可通过特殊手段进入系统，实施任意操作。缺陷产生的原因是，系统应用服务器端没有对客户端的权限（操作请求）进行合法性验证。缺陷被利用的情况是，攻击者绕过登录界面自行设计运作流程，与后台服务器联系，执行任意操作。

（4）数据库认证信息使用缺陷。系统对数据库口令等机密信息的使用方式不当，导致攻击者可以获取该类机密信息，并利用它对数据库进行非授权的操作。缺陷产生的原因是，C/S 二层结构的系统，客户端程序需要保存连接数据库的账号和口令，导致任意客户端在不经认证的情况下都可获取数据库连接配置信息，并在内存中呈现明文的数据库账号和口令数据。缺陷被利用的情况是，攻击者从客户端内存中获取该系统数据库的用户名、口令信息，从而直接登录后台数据库，执行任意非法操作。

（5）SQL 语句自动执行缺陷。系统会自动执行客户端配置文件中的 SQL 语句，可能被攻击者利用，执行任意非法数据库。缺陷产生的原因是，系统客户端文件中存储了包含明文 SQL 语句的配置文件，并且会根据一定规则自动执行该文件中的指令（不进行合法性验证）。缺陷利用的情况是，攻击者可以不经授权地更改或替换配置文件中的 SQL 指令，通过系统自动执行非法的数据库操作。

六、本节小结

借鉴国家信息安全测评体系运行的模式，结合国家电网公司信息系统的实际情况，介绍了建立企业层面的两级信息系统软件安全测评体系，为全面建立国家电网公司信息安全测评体系提供了理论支撑。从技术和管理两个方面介绍了针对国家电网公司信息系统的软件安全要求；梳理出了将功能、性能测试技术改造为软件安全测评的方法，并通过实践应用测试出大量安全缺陷。面向未来电网的信息化走向，国家电网公司的信息安全测评体系还需进一步深化和完善。

第五章 电网突发事件管理

第一节 电网突发事件应急管理理论

一、概述

（一）电网突发事件

在电力行业，突发事件定义为：突然发生，造成或者可能造成人员伤亡、电力设备损坏、电网大面积停电、环境破坏等危及电力企业、社会公共安全稳定，需要采取应急处置措施予以应对的紧急事件。根据突发事件原因分析，电网突发事件事故原因大概可分为如下四类：

（1）自然灾害，主要指因为各种自然灾害而导致的电网故障，因为雷雨大风、地震、泥石流、火山喷发以及大面积火灾等造成的电网设备损坏和大规模供电受阻，甚至连锁导致其他电网出现负荷不稳等问题。

（2）设备可靠度低，或者电网设备受到人为破坏导致的电网故障，如果区域变电中心的某个变电器失效，轻则导致电网负荷波动，重则引起区域电网整体瘫痪，或者某个关键开关的失效等问题，都会为该区域电网带来扰乱。

（3）操作人员如果出现误操作，或者调度不当等行为也会引起电网整体故障，因此电网操作人员的素质也关系到电网的可靠运营。

（4）连锁事件等，如交通事故，化工厂爆炸等情况，引起电线着火、局部短路，也可能导致电网系统故障。

电网企业由于企业生产特点以及企业所处环境特点，面临的具体突发事件主要包括：

（1）自然灾害方面：西北、西南地区主要面临地震、地质灾害，南方主要面临雨雪冰冻及洪水灾害，东南沿海福建、浙江主要面临台风灾害，华北地区主要面临旱灾，东北地区主要面临大雪灾害。

（2）事故灾难方面：主要面临设备损坏事故以及人身伤亡事故。

（3）公共卫生方面：由整个社会环境决定，不具备电网企业特色。

（4）社会安全方面：主要面临群体性事件，比如职工集体上访、地方居民围攻电网企业办公及生产场所以及电力设备设施被盗窃及破坏等事件。

（二）突发事件成因

电网系统突发事件的爆发会给整个社会带来很不利的影响，从电网系统来看，电网系统的突发事件可以归纳到以下四个方面：

（1）电网系统自身的缺陷。电网系统在上游连接发电系统，中间衔接配电系统，最后将电能运送到供电体统，这几个大环节如果出现问题，都可能导致整个电网故障，轻则电网负荷波动，重则引发区域电网瘫痪。

(2) 目前全球气候不断恶化，电网的上游发电系统、中游变电系统和下游供电系统在自然灾害面前都非常脆弱，而且自然灾害很有可能造成连锁事故，引发较大范围的电网故障。

(3) 经济社会发展对电网系统的要求提高。经济的发展促进了能源的消耗，一次能源短缺，新能源电源入网规模扩大，电网的稳定性受到干扰；受环境压力影响，新能源汽车等用电新受体规模增加，供电的不确定因素增多，对电网的智能化要求日益明显。

(4) 电网突发事件发生后，应急预案措施存在不足，应急管理水平参差不齐，应急预案责权不清，应急处置没有合理的依据，电网应急管理法制不完善等。

二、电网突发事件应急管理

（一）应急管理原理

应急管理源自风险管理，是风险管理的综合阶段，目前对于应急管理的定义还没有统一的认识，Drabek 认为：应急管理是综合应用科学、技术、计划和管理方法应对那些会危及群体安全、大量破坏财产以及扰乱社会秩序的特大事故的学科和专业。简言之，应急管理就是解决和避免风险，在国际上有时将应急管理等同于危机管理或者减灾学等，其实不是很严谨，因为他们有各自的内涵。美国学者罗伯特·希斯认为危机管理包含对危机事前、事中、事后所有方面的管理，他根据危机形成和发展的生命周期构建起了 4R 危机管理模型，即危机减轻（Reduction）、预备（Readiness）、反应（Response）和恢复（Recovery）等。日本学者龙泽正雄认为危机管理是发现、确认、分析、评估和处理的全过程。诺曼·R·奥古斯丁则将危机管理分为六个阶段：危机的预防、危机管理的准备、危机的确认、危机的控制、危机的解决、危机的总结。综合这些学者对危机管理的阐述，可以发现危机管理是一个系统循环的过程，是一系列活动的构成，而不是某一个活动。

应急管理的目的是保护电网、社会和民众不受或少受侵害，例如一些突发事件对社会影响较大，对民众安全造成威胁，危害国家安全以及对生态环境造成破坏。应急管理是一个动态连续的过程，经典的应急管理一般包括四个阶段：预防阶段（事前准备阶段）、准备阶段（提前打好应急基础）、响应阶段（事中控制阶段）和恢复阶段（事后恢复总结阶段）。

（二）PDCA 循环原理

PDCA 循环由美国质量管理专家 Edwards Deming 博士于 1950 年提出，在原有 PDS（计划、执行、检查）的基础上增加了处理的环节，也正是因为这一关键要素的加入使得 PDCA 循环成为一个可以持续改进的循环。PDCA 的字母分别是 Plan（计划）、Do（执行）、Check（检查）、Action（处理）的第一个字母的组合。PDCA 循环的步骤是：

P：①分析现状，找出问题；②分析各种影响因素或原因；③找出主要影响因素；④针对主要原因，制定措施计划。

D：组织执行和实施计划。

C：检查计划执行的结果。

A：①总结成功经验，制订相应的标准；②把未解决或新出现的问题转入到下一个 PDCA 循环。

PDCA 循环是一个闭环管理体系，消除或减少问题是 PDCA 循环的核心，按照计划、

执行、检查和处理提高的程序进行质量管理，同时每完成一个循环就立即进入到下一个循环，并且循环不止地进行下去，下一个循环的质量在前一个循环的基础上得到改进或提高，从而实现产品质量或运营管理水平的持续改进和提高。

（三）基于 PDCA 原理的电网应急管理

按照 PDCA 闭环管理原则，提出具体管理内容与管理方法，解决在实际工作中如何进行有效的过程控制的问题。体系的设计原则具体如下：

（1）基于风险的原则。“基于风险”就是根据实际情况，一切从现场实际出发的原则进行危害辨识与风险评估。因此，体系中的任何一个管理标准都必须针对特定要素的风险而设计，识别改进现场安健环管理系统所需的工作，指明管理方向，控制损失。

（2）事件/事故预先控制的原则。钻石体系将通过对事故发生的三个阶段的全过程管理，指导企业、员工如何规避风险，实现风险预先控制，预防事故发生。

（3）系统性的原则。安全管理体系系统性的原则表现在管理系统的各个环节，环环相扣，从横向与纵向形成一系列链条式的闭环控制，它实质上是原理（PDCA）的具体体现。

（4）全员参与的原则。安全管理体系的实施不是哪个领导或哪个部门的事，它强调企业的全员参与，上至最高管理者，下至每一个基层员工。特别是基层员工的参与，他们是安全管理的基础。

（5）行为与态度的原则。企业的安全管理，传统上只关注设备、环境等实际条件和人员培训。国内外研究表明，人的行为习惯以及对安全的态度也是实现安全良好绩效的基础，而且比其他因素更加重要。因此，安全管理体系的运作与执行应以员工个体为载体和依托，通过行为干预技术，赋予员工相关知识、操作技能与处理风险的经验，最终实现态度、价值观及行为规范的改变。

（6）持续改进的原则。安全问题贯穿于生产经营的全过程，它只有起点，没有终点。持续改进是企业永恒的主题，是强化安全管理，实现整体绩效改进，使其符合企业方针政策的过程。

三、我国的电网应急管理

经国务院牵头，国家电监会、国家安监局以及国家电网公司为应对电网突发事件而编制并修订了各种应急预案和各项专案，首先，国务院与国家安监局为应对这种电网突发事件率先积极建设应急平台，随后，应急指挥中心也在部分国家电网公司建立。

为积累应对电网突发事件的经验，南方电网公司与国家电网公司合力举办了大面积停电的应急演练任务，这些演练在一定程度上提高了电网公司的联动应急能力。此举有三点收获：

（1）以积累的经验进行预处理。在大面积停电方面的各项专项预案的编制与修订方面，以此预案为理论基础建立配备相应的应急管理体系，实现应急管理平台信息的实时共享。依托应急预案与应急管理体系，开发与之对应的软件，配备应急装备和硬件设施。应急演练时，各相关部分应该充分参与，一来检验建立起来的一整套应急管理体系与软硬件设施的可靠性与运行流畅性，二来通过演练积累大量的经验与数据，形成具备初级分析能力与应急救援能力的联动应急体系，可及时的形成具有可控制性的预防措施。

（2）应用科学技术进行预防性管理分析。利用经验来处理电网应急突发事件，固然是一种有效的手段，但是这个手段也只能在应急救援的时候才能发挥它的作用。作为处理应急突发事件的行动指南，应急预案还应该有它独特的功能，那就是对重大危险源与重大灾害源进行有效的监测监控与预警，同时要求应急联动和应急信息共享能与监测预警进行协同合作。要想达到监测预警的功能，传统的应急机制是不够的，需要紧跟时代步伐，利用现阶段最先进的控制技术、信息技术、通信技术等对电力系统镜像有效的分析和管理。这些技术都是重大电网突发事件的最好的技术保障。

(3) 结合前两个阶段，智能化综合防御电网突发性灾变。有了经验和技术作为支撑，结合工程理论知识和长期以来经历的案例和应急救援数据，可将人工智能技术引入到应急预案中来，这样一来，智能型综合防御应急预案就能有效提高灾害预警的准确率，为现场应急指挥提供辅助决策服务。

第二节　电网突发事件应急联动体系

一、电网突发事件应急联动体系基础

电力管理建设一直是我国经济领域的重点，而电网管理应用技术是电网良性发展的关键，要结合国内外的研究优势，才能符合电网突发事件特点，有效地处理好风险识别和不同方面的脆弱性分析。应急预案的编制与管理、突发事件的全过程管理是电网突发事件的重大管理要素。国家层面的突发事件要有公共事件应急预案措施，如 2008 年“5·12”汶川地震、2008 年北京奥运会保电等，这些事件的预案都有其维护的价值。电网信息技术应急管理在社会电力保险管理中有着非常重大的意义，能提高我国人民技术水平、社会保障水平。在新形势下，电网应急管理系统的快速有效、灵活是电网突发事件应急联动体系的基础，具有一定的可拓展性。电力应急技术管理系统通过不断研发，实现了电网系统网络控制，可预防和控制应急通信网络拥塞发生，保证电网技术业务的服务质量，提高国家级电力网络应急通信网络的运行质量，在电网设计研发过程中引入宽带移动视频传输通信系统，进一步实现了电力应急通信现场监控。

二、电网突发事件应急管理学科基础

电力应急管理体系主要涵盖三个方面的学科：理论基础、学科基础和应用技术。因此，这个体系是一门综合性的交叉学科。在切实实施电网应急管理体系的过程中，必须用科学的方法来制定突发事件的应急处理决策，保证良好的信息通信技术并配备各种应急救援力量。各种信息系统论、控制决策论、协调可靠论等是理论基础的主要内容；学科基础则主要涵盖安全管理科学、电子信息与计算机通信科学、动力与电气工程等科学技术；突发事故的监测预警体系、应急响应救援体系、应急物资的储备与调度体系等则主要反映在应用技术行列。

三、电网突发事件应急管理规章制度基础

在 2003 年“非典”肆虐全国之前，我国没有一部适用于应对此类突发事件危机的法律法规，且只有较为分散的各部门与地区单行法律法规，例如《气象法》《防洪法》《防震减灾法》等。应急法律法规建设有着非比寻常的意义，这也是维护国家安全、保障公民享

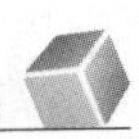

有最基本权利的有力举措；应急法律法规的制定能使得公共行政权力更加有说服力与亲民力，也能够协调公民权利与公共权利的和谐发展。因此，在我国全面推行法制教育、依法行政的新形势下，为更好更有效地调整各种社会关系在应急状态下的协调能力，有必要把应对突发事件纳入我国法律法规的建设中来，并按照我国宪法和行政法规的要求来完善应急法律规范。

2009年，《电力企业综合应急预案编制导则》《电力企业现场处置方案编制导则》及《电力企业专项应急预案编制导则》在国家电力监管委员会（简称电监会）的努力下相继出台。目前，国家级专项预案《国家处置电网大而积停电事件应急预案》出台，这一项重大举措，在《电力企业专项应急预案编制导则》和《电力企业现场处置方案编制导则》中分别明确说明了电网企业的专项应急预案体系、现场处理方案体系及发电企业专项应急预案体系。我国各省市也分别针对电网事故编制了相应的应急措施及预案，北京市颁布了《北京地区电力突发公共事件应急预案》，上海市颁布了《上海市处置供电事故应急预案》。还有其他如天津市、河北省等，都针对电力应急颁布了一系列的法规，这些说明我国已经初步形成关于电力的应急预案框架体系。根据《电力企业专项应急预案编制导则》的相关条例，将应急预案分为四大类，其中电网企业专项应急预案体系包括自然灾害类6项、事故灾难类9项、公共卫生事件类3项、社会安全事件类2项；发电企业专项应急预案体系包括自然灾害类5项、事故灾难类10项、公共卫生事件类3项、社会安全事件类2项。

根据《电力企业现场处置方案编制导则》的相关条例，将现场处置方案分为五大类，其中，发电企业现场处置方案体系包括7项人身事故类、火灾事故类11项、7项设备事故类、电力网络与信息系统安全类2项、环境污染事故类3项。

电网企业现场处置方案体系包括、3项火灾事故类、3项设备事故类、7项人身事故类、7项电网事故类、3项电力网络与信息系统安全类。

第三节　电网突发事件应急联动体系构成

一、我国的国情

我国“一案三制”的电网突发事件应急管理系统是一个较完整的管理系统。电力应急预案包括突发公共事件应急预案、应急机制、体制和法制。应急管理的重中之重是应急预案，我国建立了统一领导、综合协调、分类管理、分级负责、属地管理为主的应急管理体制，明确规定突发事件全过程中各种制度化、程序化的应急管理方法与措施为应急管理机制。在深入总结群众实践经验，理解突发事件特点的基础上，制定各级各类应急预案，形成完整有效的应急管理体制机制，体制机制的健全最终形成一系列的法律、法规和规章，可限制和约束突发事件处理工作，做到有章可循、有法可依、有律可循，即为应急管理法制。从不同角度理解应急管理，它包括不同的内容：从垂直角度理解应急管理，它包括中央、省（自治区、直辖市）、市级、县各级政府；从水平角度理解应急管理，它包括针对各种类型、各种程度的突发公共事件；从突发公共事件的生命周期理解和认识应急管理，它包括事前、事中、事后不同的阶段；而从应急管理的参与主体理解，它包括政府、企事业单位、非政府组织以及其他社会力量。

二、应急联动体系构成

（一）应急预案体系

建立应急预案体系要遵循以下基本原则：重要性原则、操作性原则、标准化原则、闭环管理原则。

重要性原则是指重点管理突发事件的影响，明确分析各类电力突发事件对各类用户的危害及影响，对突发事件的预案要重点制定，并结合实际分析。

可操作性原则是指突发事件发生后，针对突发事件作出的预案管理要结合实际情况，有实用性和操作性，能在突发事件发生的时候及时有效的发挥作用。

标准化原则是指编制电力应急预案制定、实施的管理标准和程序，提高预案管理效率。

闭环管理原则是指突发事件与应急预案是相互的关系，针对突发事件制订应急预案，应急预案指导突发事件的处理，突发事件处理情况又可以提高和完善应急预案的制定，改进应急预案处理突发事件的措施。

除了应急预案的原则要重视外，也要加强和提高预案的编制与演练。

电网相关企业应急机制中的最重要环节就是突发事件的应急联动体系，应急预案的适用性和可操作性直接影响着应急机制是否能够及时准确地发挥作用。由于电网企业的应急预案在制定时要受到企业规模、人数、业务范围等的限制，所以一定要结合企业的实际情况确定预案没有漏洞，能够覆盖全部范围。一般情况下制定预案的方针是严格遵守“横向到边、纵向到底”的要求，确保制定的应急预案能满足如下条件：在能应对大面积停电等主营业务的同时还要保证能及时处理可能会出现的医疗卫生救援等突发事故；用最大能力最高企业对所有突发事件的处理能力，最大限度地保证企业的利益，减少没必要的损失和影响。

（二）应急联动体制

长期以来，我国的应急管理工作都是由多个部门管理的，国家会设立统一的协调机构来应对各种突发危机。受到 2003 年“非典”的影响，国家出台了一系列对突发事件的应急处理方案，并且对应急管理机构及相关体制进行了确定。政府在对国内实际情况进行了实地考察之后，构建起了一个全面的应急管理机构，其组织主要包括专家组、办事机构、地方机构、领导机构以及工作机构这五个部分。

局面的彻底改变出现在 2018 年，国家专门成立了应急管理部。这是前所未有的，如此高的规格把处置突发事件推向了国家级的层面，可见国家对各种突发事件的重视，电网突发事件的管理迎来了春天。

（三）应急联动机制体系

应急指挥是指当突发事件发生，危及或危害公共利益，国家各级政府通过已经建立的应急管理和集成化的应急体系，依据预案实现全方位地对各种应急资源的实时调度，以避免灾害、事故的发生，减少损失和缩小影响范围，同时节约救援成本。

应急指挥主要包括预测预警、社会动员、信息报送、调查评估、信息发布、应急决策和处置、恢复重建等几个基本环节。

电力应急指挥是在充分联合电力各主管部门资源及能力的基础上，通过指挥和领导职

能，对电力突发事件作出有效决策支持，提供有效决策措施，及时高效有力的对突发事件做出应急联动措施，尽可能地降低突发重大事件造成的财产损失和人员伤亡或社会影响等。电力应急指挥是应急指挥的一个范畴。为满足科学处理应急事件，充分发挥指挥机构和执行机构的合作作用，通常采用以下处置原则：先期处置、快速反应、保证重点、属地管理、协同运作及灵活实用等原则。

第四节　电网突发事件应急联动系统

一、电网突发事件应急联动系统内涵

突发事件应急联动系统，即系统综合各种应急服务资源，采用统一的救援系统，用于紧急事件的公众引导和紧急求助，统一接警，统一指挥，联合行动，迅速提供相应的紧急救援服务，提供强有力的保障系统。例如发生车祸时一般要涉及交通事故 122、人员伤亡 120、消防救援 119，甚至民事纠纷 110，就我国目前的应急联动系统发展水平需要逐个拨打，这样无疑会影响反应速度，耽误救援黄金时间。这时就需要建立统一的应急联动系统，统一报警电话，接到电话后，工作人员根据事件性质和程度统一部署，联合行动，最大限度保护人民生命财产安全。电网方面同样如此，为了便于报警知悉，避免不同系统重复投资建设，建立电网突发事件应急联动系统。当发生塔杆倒塌、电线着火、变压器冒烟、人员触电、停电以及洪水、火灾、爆炸、人为破坏等因素导致的电网突发事件时，通过电网突发事件应急联动系统，使电网系统之间以及配合社会资源统一接警、统一处警、资源共享、统一指挥、联合行动，以期最大程度保障电网安全，缩短救援时间，减少电网事故损失，降低不利影响。为了达到对电网突发事件应急联动快速反应、迅速应急的目的，构建电网突发事件应急联动系统需科学合理的考虑各关键要素：①科学的应急管理组织机构，保证系统各部门的协调，如美国、日本的应急管理组织机构划分合理，职责明确；②完备的体系建设，使应急联动有了法制保障。（还包括应急规章制度及预案）；③先进的技术支持，保证信息完善、准确。

电网突发事件应急联动系统采用经典应急管理 PPRR（Prevention、Preparedness、Response、Recovery）模型，包含预防、准备、响应和恢复四个典型环节，形成动态和闭环管理。

预防阶段：尽量减少事故不利影响，当电网系统发生突发事件时系统要能从容应对，同时保证电网自身快速回复能力。

准备阶段：提前做好不同级别的电网突发事件应急预案，做好相关培训和演练，不断强化系统各个环节。

响应阶段：当面对电网突发事件时，启动已有预案和方针，保证人员和设备等配备能迅速抢修，防止次生灾害的发生。

恢复阶段：根据制定的合理恢复计划，分阶段合理重建供电设施，按计划分阶段恢复正常供电。

二、电网突发事件应急联动功能系统

根据电网突发事件应急联动体系，建立区域电网突发事件应急联动系统，系统包括五

个功能性系统：预警系统、信息管理系统、指挥调度系统、处置实施系统和资源保障系统。其中，指挥调度系统处在整个电网突发体系的关键部分，负责联系各个系统，对其他每个系统进行调控联系；预警系统对可能出现的电网突发事件进行提前把控、分析判断；处置实施系统具体执行行动的实施；资源保障系统和信息管理系统则作为辅助资源，分别从资源、信息方而为联动系统提供全方位支持。

三、电网突发事件应急联动系统流程

事故发生后，通过电话接警或者电网自身报警系统报警，分析与处理接收到的信息。如果灾情很严重，遭受重大灾害等突发事件时，单靠电网本身无法处理，要接受政府相关应急指挥机构的指挥，并且积极组织力量参加社会应急救援，如电网遭遇瘫痪则需要报告上级主管部门，同时启动自身的应急力量。应急联动程序启动：开始事故处理与救援，同时保证资源供给，应急结束后作效果反馈，总结善后。电网突发事件应急联动系统首先进行信息分析，如果灾情在可处理范围内，则开始内部的系统处理；电网系统本身可以处理的情况，突发事件发生之后，通过电网本身的联网报警等装置或者是居民停电报警电话等措施，获得第一手报警资料，在获得信息后的最短时间内，信息部应将相关信息通过电话报送领导及安全应急相关人员，使得事故信息迅速传达到电网突发事件应急联动系统，根据信息系统汇聚到的信息，确定事故和灾情级别，通过电网突发事件应急联动系统进行系统处理。根据电网突发事件应急联动系统程序，信息部对灾情信息进行处理，包括信息的传报知悉，相关管理专家到岗成立专家小组，事故处理技术骨干集合。专家小组对灾情信息进行分析处理，提供决策意见与理论支持。决策部由电网系统内部专家及高层构成，通过灾情信息的汇总与识别，迅速商议决策，确定事故等级，启动相应级别的应急预案，同时将处理信息传递到指挥调度部，由指挥调度部开始进行现场救援行动。电网突发事件应急联动与处置的核心要素是高效、快速。各个部门系统在应急处置过程中应做到各尽其责，协调分工，促使事故灾情得到科学有效的处理。

第五节 电网突发事件的典型情境预警示例

一、概述

在当今信息化成熟、自媒体膨胀的时代，社会各领域突发事件首先遭遇的就是网络舆情问题，如何正确和有效处理这一问题是和突发事件本身几乎同等重要的研究命题。电网突发事件也同样面临网络舆情问题。电网突发事件发生后，会在网络中迅速形成负面网络舆情，若不及时加以疏导，将会引发网络舆情危机并产生严重后果。如 2012 年 7 月印度大面积停电，超过 6.7 亿人受影响，由其产生的网络舆情同样影响广泛，这是其他网络舆情所无法比拟的。加强针对电网突发事件网络舆情的有效监测，准确预警其实时态势，将有助于电网企业、政府共同采取有效的应对措施，以减少网络舆情带来的危害。

二、现状分析

目前已有的网络舆情预警方案，均为依托某种数据挖掘方法构建网络舆情评估指标体系，并利用指标体系对各类监测指标量的实时值进行综合分析，以获得网络舆情的实时态

势。朱朝阳、丁菊玲等分别利用观点树、贝叶斯网络、三角模糊数、模糊综合评估、层次分析法、灰色模型和柔性挖掘等数据挖掘方法来分析各类监测指标量之间的内在联系以构造评估指标体系。但上述方法均存在一定缺陷：基于观点树、三角模糊数、模糊综合评估和层次分析法等方法的评估指标体系存在指标权重的人为干扰过大，并且其依据社会学知识进行舆情评估易得到极端化的观点，难以准确反映网络舆情的真实状况；基于贝叶斯网络方法的评估指标体系需要根据先验概率推算后验概率，进而评估网络舆情的预警级别，但先验概率计算一直是困扰该方法的难题；基于灰色模型和柔性挖掘的评估指标体系更关注网络热点事件的发现与追踪，缺乏对网络舆情的综合分析能力，无法评估出网络舆情的当前预警级别。

三、新的预警体系

为实现网络舆情态势的实时精确预警，以电网突发事件的网络舆情特性作为研究出发点，综合运用信息安全风险评估理论，深入分析导致电网突发事件网络舆情危机的各类关键指标因素，设计基于支持向量机（support vector machine，SVM）的网络舆情预警指标体系，利用该体系实时完成网络舆情态势预警。

将分类问题作为预警指标体系的构建基础，各类指标因素的取值作为分类问题的输入量，舆情预警等级作为分类问题的输出量，利用 SVM 求解分类问题。采用 2012 年 4 月 10 日深圳大停电事件的网络舆情数据设计验证性实验，实证基于支持向量机 SVM 的网络舆情预警指标体系的有效性。

（一）预警指标体系的工作原理

网络舆情预警根据实时采集到的舆情监测信息，利用网络舆情预警指标体系评估当前的预警级别。网络舆情预警关注网络舆情所产生后果的影响范围和程度，设计预警指标体系时以信息安全风险评估理论为基础来分析可能导致网络舆情危机的主要因素。依据信息安全风险评估理论，风险分析中要涉及资产、脆弱性、威胁 3 个基本要素，并以此推算风险值，如图 5.1 所示。

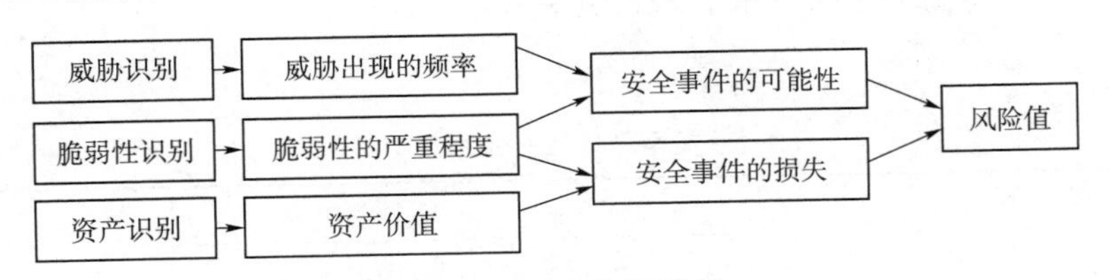

图 5.1　风险分析原理

电网突发事件的网络舆情与导致其发生的威胁、脆弱性、资产影响等 3 个维度密切相关，因而按这 3 个维度分别寻找各类影响因素，可最终形成层次化的预警指标体系，如图 5.2 所示。预警指标体系的最顶层是电网突发事件的网络舆情预警等级，中间层指标包括威胁度、脆弱度、影响度等 3 个维度，最底层指标包括国内新闻网站报道及评论的负面比例等 14 个指标。

（二）预警指标体系的输入量及输出量

预警指标体系的输入量应为可度量的，其计算方式如下：

（1）国内新闻网站报道及评论的负面比例 B_{11}：

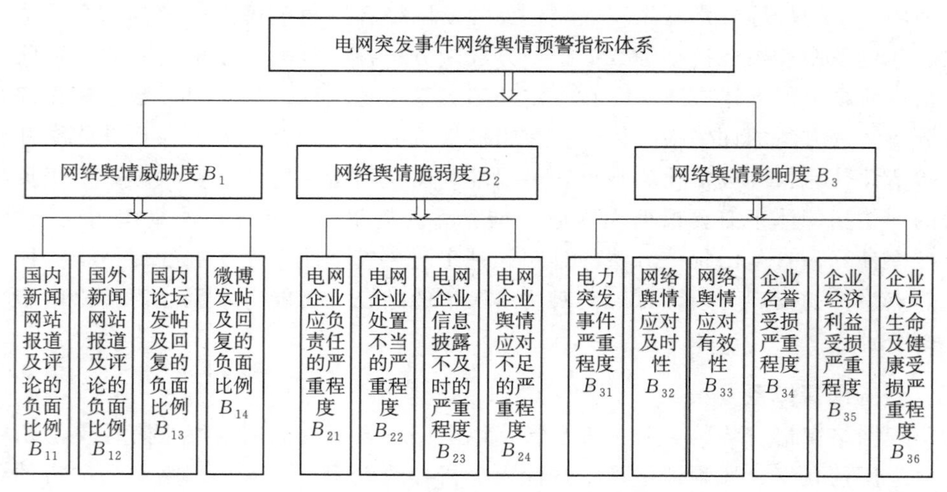

图 5.2　电网突发事件网络舆情预警指标体系

$$B_{11} = \sum_{i=1}^{n} \frac{s_i}{x_i} \times z_i, \text{s. t.} \sum_{i=1}^{n} z_i = 1 \tag{5-1}$$

式中：B_{11}为来自国内排名前 n 的新闻网站的统计数据；x_i和s_i分别为第 i 个网站中涉及电网突发事件的新闻报道总数和负面新闻报道数量；z_i为网站的影响因子。

（2）国外新闻网站报道及评论的负面比例 B_{12}国内论坛发帖及回复的负面比例 B_{13}、微博发帖及回复的负面比例 B_{14}，3 个指标的计算方法 B_{11}类似。

（3）电力突发事件中电网企业应负责任的严重程度 B_{21}、电力突发事件中电网企业处置不当的严重程度 B_{22}、电网企业信息披露不及时的严重程度 B_{23}、电网企业舆情应对不足的严重程度 B_{24}等 4 个指标采用人工评价方式，依照严重程度取值［0，1］。

（4）电力突发事件严重程度 B_{31}根据突发事件类型的影响因子 t 和级别影响因子 c 计算，如公式（5－2），影响因子 t 和 c 取值见表 5.1、表 5.2。

$$B_{31} = tc \tag{5-2}$$

表 5.1　　类型影响因子 t 取值

类型影响因子	t	类型影响因子	t
公共卫生	0.4	自然灾害	0.6
社会安全	0.4	事故灾难	1.0

表 5.2　　级别影响因子 c 取值

级别影响因子	c	级别影响因子	c
一般	0.4	重大	0.8
较大	0.6	特别重大	1.0

（5）网络舆情应对及时性 B_{32}可按公式（5－3）来度量，t 为网络舆情应对的反应时间（单位为 h）。

$$B_{33}=\begin{cases}\dfrac{E_b-E_0}{b}, & E_b\geqslant E_0\\ 0, E_b<E_0\end{cases} \tag{5-3}$$

（6）企业名誉受损严重程度 B_{34} 可根据企业名誉实际情况取［0，1］之间的值。

（7）企业经济利益受损严重程度 B_{35} 采用网络舆情导致的直接经济损失 V_{loss} 衡量，企业人员生命及健康受损严重程度 B_{36} 采用因网络舆情导致的人员伤亡情况来衡量，取值依照国家相关文件，见表5.3、表5.4。

表5.3　经济损失指标 B_{35} 取值

经济损失/万元	B_{35}	经济损失/万元	B_{35}
$V_{loss}=0$	0	$5000\leqslant V_{loss}<10000$	0.75
$V_{loss}<1000$	0.25	$V_{loss}\geqslant 10000$	1.00
$1000\leqslant V_{loss}<5000$	0.50		

表5.4　人员伤亡指标 B_{36} 取值

人员伤亡	B_{36}
无人员伤亡	0
≤3人死亡或≤10人重伤	0.25
≥3且≤10人死亡，或≥10且≤50人重伤	0.50
≥10且≤30人死亡，或≥50且≤100人重伤	0.75
≥30人死亡，或≥100人重伤	1.00

预警体系的输出量为电力突发事件的网络舆情预警等级，分为一级、二级、三级、四级、安全级5个等级，分别用红色、橙色、黄色、蓝色、绿色标示，其中一级的危害程度最高。

（三）支持向量机

用于预警指标体系构造预警指标体系的函数表达式如公式（5-4），其中函数输入量 $x_1\sim x_{14}$ 为指标体系的 $B_{11}\sim B_{36}$ 等14个监测指标，输出量 y 为5种预警等级，并且输入量与输出量之间是非线性关系，没有明确的量化表达式。

$$y=f(x_1, \cdots, x_i, \cdots, x_{14}) \tag{5-4}$$

将网络舆情预警视为分类问题，利用SVM求解该问题。SVM可实现任何非线性映射，适合于求解电网突发事件网络舆情这类内在机制复杂并且难以用方程组表达的问题。基于SVM的网络舆情预警方法工作流程如图5.3所示。图5.3中“数

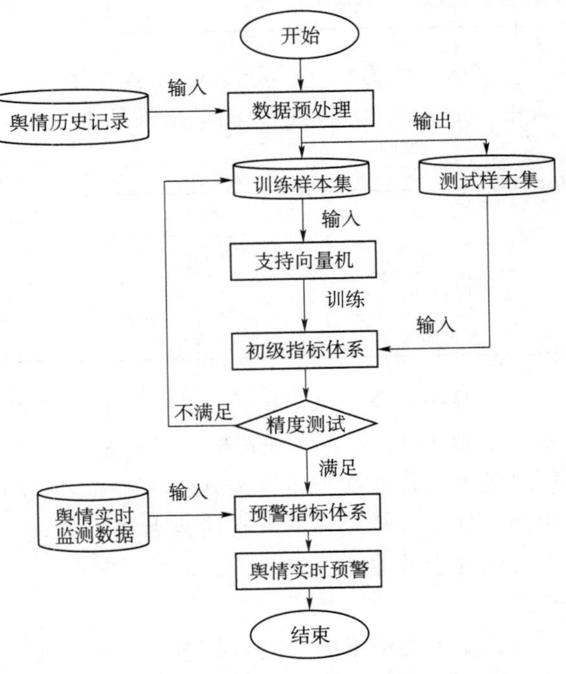

图5.3　基于SVM的电网突发事件网络舆情预警

据预处理”步骤通过网络搜索引擎收集某电网突发事件的样本数据，并构造训练样本集和测试样本集，同时保证两者之间不存在交集。

（四）应用分析

为验证方法的有效性，以2012年4月10日深圳市停电事件的网络舆情监测数据构造实验样本集，其原始数据来源于互联网搜索引擎，并根据基于SVM的网络舆情预警指标体系计算所需的14个监测指标量以及对应的预警级别，如第1条记录内容：“4月10日20：00，0，0，1，0.9，0.8，0.7，0.9，0.9，1.0，1.0，0，0.7，0，0，红”。记录以1h为统计单位，从10日20时至13日23时共含76条数据。因停电事件关系国计民生且影响范围较广，故初始网络舆情预警级别较高。

按1∶1划分训练样本集与测试样本集，并选用径向基神经网络（radial basis function neuralnetwork，RBFNN）、经遗传算法（genetic Algorithm）优化的BP神经网络（back propagation neural network，BPNN）和粒子群（particle swarm optimization）优化的BPNN（BPNN-PSO）作为横向对比算法，案例中参数见表5.5。

表5.5　　案例参数设置

参数名称	参数值	参数名称	参数值
SVM类型	C-SVM	PSO学习因子	1.7
SVM核函数	高斯函数	PSO种群规模	25
神经网络结构	14-5-1	PSO惯性权重	[0.1，0.9]
神经网络传递函数	tansig GA	染色体长度	26
神经网络训练函数	trainlm GA	种群规模	400
神经网络学习函数	learngdm GA	进化规则	拉马克进化

测试环境为64位Windows 7操作系统，Matlab7.0，Inter I5 2.40GHz处理器，SVM采用libsvm 3.0工具包。测试结果见表5.6。

表5.6　　网络舆情预警测试结果

项　目	SVM	RBFNN	BPNN-GA	BPNN-PSO
预警正确率/%	100	94.74	84.21	84.21
训练耗时/s	0.019	1.444	31.606	94.280
测试耗时/s	0.001	0.048	0.016	0.016

实验结果得出以下结论：①从总体分类准确率比较，见表5.4，SVM方法的准确率最高，达到100%，可实现精确实时的舆情预警，其他方法的准确率均低于95%，还存在较明显的差距；②从个体样本分类准确率比较，对于小规模测试样本（如“红”和“橙”两类测试样本）辨识率较低，甚至无法辨识；③从训练耗时和运算耗时方面分析，SVM方法远远优于其他4种方法，其训练耗时要比其他方法低3个数量级，测试耗时也低于其他方法。

产生上述结果的原因可归纳为：一方面，SVM通过核函数映射将原始目标问题变换为Hilbert空间中的对偶问题，再利用凸二次规划求解对偶问题，其运算效率要远远高于

传统神经网络所采用的根据计算误差反向修正权重矩阵方法；另一方面，SVM 通过核函数映射求解输入量与输出量之间的映射关系，从一定程度上克服了 BPNN 和 RBFNN 存在的易早熟缺陷，提高了判断精度。

四、本节小结

运用信息安全风险评估理论分析可得出电网突发事件的网络舆情在威胁度、脆弱度、影响度等 3 个维度的若干关键因素，利用 SVM 构造网络舆情预警指标体系，以实现对电网突发事件的网络舆情态势进行实时精确预警。基于 2012 年 4 月 10 日深圳停电事件的验证性实验可见：

（1）将电网突发事件网络舆情预警指标体系的构造过程抽象成分类问题，并通过对网络舆情历史监测数据的训练学习获得基于 SVM 的舆情预警指标体系，有效地克服了传统方法中评估指标体系评估规则难以制定的缺陷，有效地简化了设计过程。

（2）利用 SVM 作为预警指标体系的训练方法具有极高的准确率，并且运算耗时极少，可满足电网突发事件网络舆情的实时在线监测预警，具有较高的实用价值。如何降低现有网络舆情监测指标计算过程中存在的人为因素，并通过实际应用对预警指标体系进行检验和完善，最终实现基于 SVM 的舆情预警体系在电力行业中大范围推广应用。

参 考 文 献

[1] 董达鹏．厂网协调规划模式下低碳电力系统的效益评估方法［D］．北京：华北电力大学，2013.
[2] 龙望成，王嫦，彭冬，等．基于DEA模型的电网投资建设效益评价分析［J］．青海电力，2014，33（1）：1-4.
[3] 魏权玲．数据包络分析［M］．北京：科学出版社，2004.
[4] 何永秀．电力综合评价方法及应用［M］．北京：中国电力出版社，2011.
[5] 柳顺．基于数据包络分析的模糊综合评价方法及其应用［D］．杭州：浙江大学，2010.
[6] 张晓宇．智能电网环境效益研究［D］．哈尔滨：哈尔滨工业大学，2013.
[7] 国网北京经济技术研究院．“两型”电网指标体系研究［R］．北京：国网北京经济技术研究院，2007.
[8] 国家计委能源所．能源基础数据汇编［DB］．1999（1）：16.
[9] 吕翔，刘恋，蒋传文．PEV价格响应下的电力系统经济调度及效益评估［J］．华东电力，2014，42（2）：0286-0290.
[10] 田立亭，史双龙，贾卓．电动汽车充电功率需求的统计学建模方法［J］．电网技术，2010，34（11）：126-130.
[11] 杨洪明，熊腘成，刘保平．插入式混合电动汽车充放电行为的概率分析［J］．电力科学与技术学报，2010，25（3）：8-12.
[12] 张世松．分析智能电网调度控制系统现状与技术［J］．中国战略新兴产业，2017，28（12）：033-035.
[13] 辛志勇，靳涛．智能电网新技术的应用与发展［J］．民营科技，2014（3）：63-67.
[14] 杨新法，苏剑，吕志鹏，等．微电网技术综述［J］．中国电机工程学报，2014，34（1）：56-70.
[15] 舒印彪，汤涌，孙华东．电力系统安全稳定标准研究［J］．中国电机工程学报，2013，33（25）：1-9.
[16] 袁季修．电力系统安全稳定控制的规划和应用［J］．中国电力，1999，32（5）：29-32.
[17] 汤涌．电力系统安全稳定综合防御体系框架［J］．电网技术，2012，36（8）：1-5.
[18] 刘念，谢驰，滕福生．电力系统安全稳定问题研究［J］．四川电力技术，2004（1）：1-6.
[19] 郑晓崑，树娟，李宏．信息安全测评体系在国家电网公司的应用研究［C］//电力通信管理暨智能电网通信技术论坛，2012：0459-0464.
[20] 张希祥．电网突发事件应急联动系统研究［D］．北京：中国地质大学，2014.
[21] 朱朝阳，刘建明，王宇飞．电网突发事件的网络舆情预警方法［J］．中国电力，2014，47（7）：113-117.
[22] 陈奇朋．虚拟现实技术在电力安全培训中的研究与应用［D］．长沙：湖南大学，2013.
[23] 鲍颜红，冯长有，徐泰山，等．电力系统在线安全稳定综合辅助决策［J］．电力系统自动化，2015，39（1）：103-110.
[24] 李超然，肖飞，刘计龙，等．复杂电力电子系统通信网络效能评估指标体系研究［J］．电源学报，2018，16（1）：158-165.
[25] 汤广福，罗湘，魏晓光．多端直流输电与直流电网技术［J］．中国电机工程学报，2013，33（10）：8-18.
[26] 周林．浅析智能电网新技术在电力系统规划中的应用与发展［J］．建材与装饰，2017（6）：217-218.
[27] 刘振亚．中国电力与能源［M］．北京：中国电力出版社，2012.
[28] 盛万兴，杨旭升．多Agent系统及其在电力系统中的应用［M］．北京：中国电力出版社，2007.

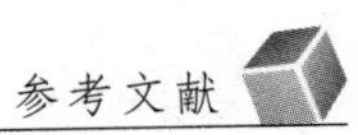

[29] 徐青山．分布式发电与微电网技术［M］．北京：人民邮电出版社，2011.

[30] 王成山，肖朝霞，王守相．微电网综合控制与分析［J］．电力系统自动化，2008，32（7）：98－103.

[31] 鲁宗相，王彩霞，闵勇，等．微电网研究综述［J］．电力系统自动化，2007，31（19）：101－102.

[32] 刘正谊，谈顺涛，曾祥君．分布式发电及其对电力系统分析的影响［J］．华北电力技术，2004（10）：18－20.

[33] 范元亮，江全元，曹一家．含恒功率和下垂控制机组的微网小信号模型简化分析［J］．湖南大学学报（自然科学版），2012，39（5）：53－58.

[34] 范元亮，苗逸群．基于下垂控制结构微网小扰动稳定性分析［J］．电力系统保护与控制，2012，44（4）：1－7.

[35] 曾正，赵荣祥，杨欢．含逆变器的微电网的动态相量模型和仿真［J］．中国电机工程学报，2012，32（10）：65－71.

[36] 肖朝霞，王成山，王守相．含多微型电源的微网小信号稳定性分析［J］．电力系统自动化，2009，33（6）：81－85.

[37] 苏玲，张建华，王利，等．微电网相关问题及技术研究［J］．电力系统保护与控制，2010，38（19）：235－238.

[38] 肖宏飞，刘士荣，郑凌蔚，等．微型电网技术研究初探［J］．电力系统保护与控制，2009，37（8）：114－118.

[39] 盛鹍，孔力，齐智平，等．新型电网——微电网（Microgrid）研究综述［J］．电力系统保护与控制，2007，35（12）：75－81.

[40] 王瑞琪，李珂，张承慧．基于混沌多目标遗传算法的微网系统容量优化［J］．电力系统保护与控制，2011，39（22）：16－22.

[41] 徐林，阮新波，张步涵，等．风光蓄互补发电系统容量的改进优化配置方法［J］．中国电机工程学报，2012，32（25）：88－98.

[42] 王成山，高菲，李鹏，等．低压微网控制策略研究［J］．中国电机工程学报，2012，32（25）：2－8.

[43] 张明锐，杜志超，黎娜，等．高压微网孤岛运行频率稳定控制策略研究［J］．中国电机工程学报，2012，32（25）：20－26.

[44] 吕志鹏，罗安．不同容量微源逆变器并联功率鲁棒控制［J］．中国电机工程学报，2012，32（12）：42－49.

[45] 王成山，肖朝霞，王守相．微网中分布式电源逆变器的多环反馈控制策略［J］．电工技术学报，2009，24（2）：100－107.

[46] 鲍陈磊，阮新波，等．基于PI调节器和电容电流反馈有源阻尼的LCL型并网逆变器闭环参数设计［J］．中国电机工程学报，2012，32（25）：133－142.

[47] 汪海宁，苏建徽，丁明，等．光伏并网功率调节系统［J］．中国电机工程学报，2007，27（2）：76－79.

[48] 曾正，赵荣祥，杨欢，等．多功能并网逆变器及其在微电网电能质量定制中的应用［J］．电网技术，2012，36（5）：58－67.

[49] 郭力，富晓鹏，李霞林，等．独立交流微网中电池储能与柴油发电机的协调控制［J］．中国电机工程学报，2012，32（25）：70－78.

[50] 郭力，李霞林，王成山．计及非线性因素的混合供能系统协调控制［J］．中国电机工程学报，2012，32（25）：60－69.

[51] 张坤，黎春湦，毛承雄，等．基于超级电容器——蓄电池复合储能的直驱风力发电系统的功率控制策略［J］．中国电机工程学报，2012，32（25）：99－108.

[52] 王成山，李霞林，郭力．基于功率平衡及时滞补偿相结合的双级式变流器协调控制［J］．中国电机工程学报，2012，32（25）：109－117.

[53] 张明锐，黎娜，杜志超，等．基于小信号模型的微网控制参数选择与稳定性分析 [J]．中国电机工程学报，2012，32 (25)：9-19.

[54] 郝雨辰，吴在军，窦晓波，等．多代理系统在直流微网稳定控制中的应用 [J]．中国电机工程学报，2012，32 (25)：27-35.

[55] 丁明，王敏．分布式发电技术 [J]．电力自动化设备，2004，24 (7)：31-32.

[56] 梁有伟，胡志坚，陈允平．分布式发电及其在电力系统中的应用研究综述 [J]．电网技术，2003，27 (12)：71-75.

[57] 王成山，李鹏．分布式发电、微网与智能配电网的发展与挑战 [J]．电力系统自动化，2010，34 (2)：10-14.

[58] 吕志鹏，罗安，蒋雯倩，等．四桥臂微网逆变器高性能并网 H-控制研究 [J]．中国电机工程学报，2012，32 (6)：1-9.

[59] 吕志鹏，罗安，荣飞，等．电网电压不平衡条件下微网 PQ 控制策略研究 [J]．电力电子技术，2010，44 (6)：71-74.

[60] 金鹏，艾欣，王永刚．采用势函数法的微电网无功控制策略 [J]．中国电机工程学报，2012，32 (25)：44-51.

[61] 吕志鹏，刘海涛，苏剑，等．可改善微网电压调整的容性等效输出阻抗逆变器 [J]．中国电机工程学报，2013，33 (9)：1-9.

[62] 吕志鹏．多逆变器型微网运行与复合控制研究 [D]．长沙：湖南大学，2012.

[63] 吕志鹏，罗安，蒋雯倩，等．多逆变器环境微网环流控制新方法 [J]．电工技术学报，2012，27 (1)：40-47.

[64] 徐立中，杨光亚，许昭，等．考虑风电随机性的微电网热电联合调度 [J]．电力系统自动化，2011，35 (9)：53-60.

[65] 金鹏，艾欣，徐佳佳，等．基于序列运算理论的孤立微电网经济运行模型 [J]．中国电机工程学报，2012，32 (25)：52-59.

[66] 牛铭，黄伟，郭佳欢，等．微网并网时的经济运行研究 [J]．电网技术，2010，34 (11)：38-42.

[67] 丁明，张颖媛，茆美琴，等．包含钠硫电池储能的微网系统经济运行优化 [J]．中国电机工程学报，2011，31 (4)：7-14.

[68] 李晓静．含分布式电源配电网供电恢复的 Agent 方法研究 [D]．天津：天津大学，2007.

[69] 周孝信，鲁宗相，刘应梅，等．中国未来电网的发展模式和关键技术 [J]．中国电机工程学报，2014，34 (29)：4999-5008.

[70] 陈瑜．浅议电网企业安全生产成本与经济效 [J]．经济研究导刊，2014，306 (25)：77-78.

[71] Tsikalakis A G，Hatziargyriou N D. Centralized control for optimizing microgrids operation [J]. IEEE Transactions on Energy Conversion，2008，23 (1)：241-247.

[72] Morozumi S. Microgrid demonstration projects in Japan [C] //IEEE Power Conversion Conference，2007：635-642.

[73] Piagi P，Lasseter R H. Autonomous control of microgrids [C] //Proc. IEEE PES Meeting. Montreal：IEEE，2006：1-8.

[74] Lasseter R. Dynamic models for micro-turbines and fuel cells [C] //Power Engineering Society Summer Meeting. Canada：Institute of Electrical and Electronics Engineers Inc.，2001：761-766.

[75] Naka S，Genji T，Fukuyama Y. Practical equipment models for fast distribution power flow considering interconnection of distributed generators [C] //IEEE Power Engineering Society Summer Meeting. Vancouver：Institute of Electrical and Electronics Engineers Inc.，2001：1007-1012.

[76] Liu Zhengyi，Zeng Xiangjun，Tan Shuntao，et al. A novel model for isolated microgrid based on sequence operation theory [J]. Proceedings of the CSEE，2012，32 (25)：52-59.

[77] Murakamia A, Yokoyama A, Tada Y. Basic study on battery capacity evaluation for load frequency control (LFC) in power system with a large penetration of wind power generation [J]. IEEJ Trans. on Power and Energy, 2006, 126 (2): 236 - 241.

[78] Li Y W, Vilathgamuwa D M, Poh C L. Microgrid power quality enhancement using a three - phase four - wire grid - interfacing compensator industry applications [J]. IEEE Transactions on Industry Applications, 2005, 41 (6): 1707 - 1719.

[79] Wu T F, Nien H S, Chen C L. A single - phase inverter system for PV power injection and active power filtering with nonlinear inductor consideration [J]. IEEE Transactions on Industry Applications, 2005, 41 (4): 1075 - 1081.

[80] Zeng Z, Yang H, Zhao R X, et al. Topologies and control strategies of multi - functional grid - connected inverters for power quality enhancement: A comprehensive review [J]. Renewable and Sustainable Energy Reviews, 2013, 24: 223 - 270.

[81] Gueon N, Lee D J, Kim B T, et al. Novel concept of PV power generation system adding the function of shunt active filter [C] //IEEE/PES Transmission and Distribution Conference and Exhibition 2002. Asia Pacific: Institute of Electrical and Electronics Engineers Inc., 2002: 1658 - 1663.

[82] Prodanovic M. Green T C. High - quality power generation through distributed control of a power park microgrid [J]. IEEE Transactions on Industrial Electronics, 2006, 53 (5): 1471 - 1482.

[83] Muller H, Rudolf A, Aumayr G. Studies of distributed energy supply systems using an innovance energy management system [C] //Proceedings of 2001 IEEE Power Engineering Society Meeting. Sydney: Institute of Electrical and Electronics Engineers Inc., 2001: 87 - 90.

[84] A. Dimeas and N. D Hatziargyriou. Operation of a multiagent system for microgrid control [J]. IEEE Trans. on Power Systems, 2005, 20 (3): 1447 - 1455.

[85] Dimeas A, Hatziargyriou N. Operation of a multi agent system for micro - grid control [J]. IEEE Trans. on Powerscheme of stability control for distributed generation systems [C] //2004 International Conference on Power System Technology. Singapore: Institute of Electrical and Electronics Engineers Inc., 2004: 1528 - 1531.

[86] Achermann T, Garner K, Gardiner A. Embedded wind generation in weak grids - economic optimization and power quality simulation [J]. Renewable Energy, 1999, 18 (2): 205 - 221.

[87] Guerrero J M, Vasquez J C, Matas J, et al. Control strategy for flexible microgrid based on parallel line - interactive UPS systems [J]. IEEE Transactions on Industrial Electronics, 2009, 56 (3): 726 - 736.

[88] Li Y W, Vilathgamuwa D M, Loh P C. A grid interfacing power quality compensator for three phase three wire micro - grid applications [J]. IEEE Trans. on Power Electronics, 2006, 21 (4): 1021 - 1031.

[89] Dolezal J, Santarius P, Thesry J, et al. The effect of distributed generation on power quality in distributed system [C] //Quality and Security of Electric Power Delivery Systems, SIGRE/IEEE PES International Symposium, 2003: 204 - 207.

[90] Prodanovic M, Green T C. Control of power quality in inverter — based distributed generation [C] // IEEE 28th Annual Conference of Industrial Electronics Society. Sevilla: Institute of Electrical and Electronics Engineers Computer Society, 2002: 1185 - 1189.

[91] Askari S A, Ranade S J, Mitra J. Optimal allocation of shunt capacitors placed in a micro - grid operating in the islanded mode [C] //Proceedings of the 37th Annual North American power symposium, Ames, USA, 2005: 406 - 411.

[92] Zhong Q C, Weiss G. Synchronverters: Inverters that mimic synchronous generators [J]. IEEE Transactions on Industrial Electronics, 2011, 58 (4): 1259 - 1267.

[93] Zeng Z, Zhao R X, Yang H. Micro - sources design of an intelligent building integrated with micro - grid [J]. Energy and Buildings, 2013, 57: 261 - 267.

[94] Georgakis D, Papathanassiou S, Hatziargyriod N, et al. Operation of a prototype micro - grid system based on micro - sources equipped with fast acting power electronics interfaces [C] //IEEE Annual Power Electronics Specialists Conference, Aachen, Germany, 2004: 2521 - 2526.

[95] Hernandez - Aramburo C A, Green T C, Mugniot N. Fuel consumption minimization of a microgrid [J]. IEEE Transactions on Industry Applications, 2005, 41 (3): 673 - 681.

[96] Chen S X, Gooi H B. Sizing of energy storage system for microgrid [J]. IEEE Trans. on Smart Grid, 2012, 3 (1): 142 - 151.

[97] Hernande Z, Aramburo C A, Green T C, et al. Fuel consumption minimization of a microgrid [J]. IEEE Transactions on Industry Applications, 2005, 41 (3): 673 - 681.

[98] IEC 61400 - 21, Measurement and assessment of power quality characteristics of grid connected wind turbines [S]. IEC, 2001.

[99] Li Y W, Vilathgamuwa D M, Loh P C. Design, analysis, and real - time testing of a controller for multibus microgrid system [J]. IEEE Trans. on Power Electronics, 2004, 19 (5): 1195 - 1204.

[100] Wills H L, Scott W G. Distributed power generation planning and evaluation [M]. New York: Marcel Dekker, 2000.

[101] Javadian A M, Haghifam M R, Barazamdeh P. An adaptive over current protection scheme for MV distribution networks including DG [C] //IEEE International Symposium on Industrial Electronics, 2008: 2520 - 2525.

[102] AHMADI L, CROISET E, ELKAMEL A, et al. Impact of PHEVs Penetration on Ontario's Electricity Grid and Environmental Considerations [J]. Energies, 2012, 5 (12): 5019 - 5037.

[103] GAO Y, WANG C, WANG Z, et al. Research on time - of - use price applying to electric vehicles charging [C]. Innovative Smart Grid Technologies - Asia (ISGT Asia), 2012 IEEE. IEEE, 2012: 1 - 6.

[104] SANTOS A, MCGUCKIN N, NAKAMOTO H Y, et al. Summary of travel trends: 2009 national household travel survey [R]. U. S. Department of Transportation, 2011.